人力资源和社会保障部全国计算机信息高新技术考试

U0133015

局域网管理（Windows平台）

Windows 2000
试题汇编

（网络管理员级）

2011年修订版

国家职业技能鉴定专家委员会
计算机专业委员会 编写

科学出版社
www.sciencep.com

内 容 简 介

由人力资源和社会保障部职业技能鉴定中心在全国统一组织实施的全国计算机信息高新技术考试是面向广大社会劳动者举办的计算机职业技能考试，考试采用国际通行的专项职业技能鉴定方式，测定应试者的计算机应用操作能力，以适应社会发展和科技进步的需要。

本书包含了全国计算机信息高新技术考试局域网管理（Windows 平台）Windows 2000 网络管理员级试题库的全部试题，经国家职业技能鉴定专家委员会计算机专业委员会审定，考生考试时所做题目从中随机抽取。本书既可供正式考试时使用，也可供考生考前练习之用，是参加 Windows 2000 网络管理员级考试的考生人手一册的必备技术资料。本书供考评员和培训教师在组织培训、操作练习和自学提高等方面使用。

本书还可供广大读者学习局域网知识、自测局域网管理技能，也是各类大、中专院校、技校、职高作为局域网管理技能培训与测评的参考书。

需要本书或技术支持的读者，请与北京清河 6 号信箱（邮编：100085）销售部联系，电话：010-62978181（总机）、010-82702665，传真：010-82702698，E-mail：bhpjc@bhp.com.cn。体验高新技术考试教材及其网络服务，请访问 www.bhp.com.cn 或 www.citt.org.cn 网站。

图书在版编目（CIP）数据

局域网管理（Windows 平台）Windows 2000 试题汇编：2011 版. 网络管理员级 ／ 国家职业技能鉴定专家委员会计算机专业委员会编写. -- 北京 ：科学出版社, 2011.7

（人力资源和社会保障部全国计算机信息高新技术考试指定教材）

ISBN 978-7-03-030800-9

Ⅰ. ①局… Ⅱ. ①国… Ⅲ. ①Windows 操作系统－应用软件－技术培训－习题集 Ⅳ.①TP316.7-44

中国版本图书馆 CIP 数据核字(2011)第 067496 号

责任编辑：石文涛 周鹏举 ／责任校对：韩培付
责任印刷：密 东 ／封面设计：张 洁

科学出版社 出版
北京东黄城根北街 16 号
邮政编码：100717
http://www.sciencep.com

北京市密东印刷有限公司印刷

科学出版社发行 各地新华书店经销

*

2011 年 7 月第 1 版 开本：787mm×1092mm 1/16
2011 年 7 月第 1 次印刷 印张：14
印数：1—3 000 字数：332 千字

定价：35.00 元

全国计算机信息高新技术考试

局域网管理（Windows 平台）

Windows 2000 网络管理员级

命题组成员

宋志坤　朱厚峰　李大伟　付　磊

张　霄　李　哲　王　为　郭　萌

闻金川　张增华　罗　军　段之颖

金志农　奚　昕　石文涛　韩培付

周鹏举　杨　莉

全国计算机信息高新技术考试简介

全国计算机信息高新技术考试是劳动和社会保障部为适应社会发展和科技进步的需要，提高劳动力素质和促进就业，加强计算机信息高新技术领域新职业、新工种职业技能鉴定工作，授权劳动和社会保障部职业技能鉴定中心在全国范围内统一组织实施的社会化职业技能考试。根据劳动和社会保障部职业技能开发司、劳动和社会保障部职业技能鉴定中心劳培司字[1997]63号文件，"考试合格者由劳动和社会保障部职业技能鉴定中心统一核发计算机信息高新技术考试合格证书。该证书作为反映计算机操作技能水平的基础性职业资格证书，在要求计算机操作能力并实行岗位准入控制的相应职业作为上岗证；在其他就业和职业评聘领域作为计算机相应操作能力的证明。通过计算机信息高新技术考试，获得操作员、高级操作员资格者，分别视同于中华人民共和国中级、高级技术等级，其使用及待遇参照相应规定执行；获得操作师、高级操作师资格者参加技师、高级技师技术职务评聘时分别作为其专业技能的依据"。

开展这项工作的主要目的，就是为了推动高新技术在我国的迅速普及，促使其得到推广应用，提高应用人员的使用水平和高新技术装备的使用效率，促进生产效率的提高；同时，对高新技术应用人员的择业、流动提供一个应用水平与能力的标准证明，以适应劳动力的市场化管理。

根据职业技能鉴定要求和劳动力市场化管理需要，职业技能鉴定必须做到操作直观、项目明确、能力确定、水平相当且可操作性强的要求。因此，全国计算机信息高新技术考试采用了一种新型的、国际通用的专项职业技能鉴定方式。根据计算机不同应用领域的特征，划分模块和系列，各系列按等级分别独立进行考试。

目前划分了五个级别：

序号	级别	与国家职业资格对应关系
1	高级操作师级	中华人民共和国职业资格证书国家职业资格一级
2	操作师级	中华人民共和国职业资格证书国家职业资格二级
3	高级操作员级	中华人民共和国职业资格证书国家职业资格三级
4	操作员级	中华人民共和国职业资格证书国家职业资格四级
5	初级操作员级	中华人民共和国职业资格证书国家职业资格五级

目前划分了14个模块，45个系列，62个软件版本。

序号	模块	模块名称	编号	平台
1	00	初级操作员	001	Windows/Office
		办公软件应用	002	Windows 平台（MS Office）
			003	Windows 平台（WPS）
2	01	数据库应用	011	FoxBASE+平台
			012	Visual FoxPro 平台
			013	SQL Server 平台
			014	Access 平台
3	02	计算机辅助设计	021	AutoCAD 平台
			022	Protel 平台
4	03	图形图像处理	031	3D Studio 平台
			032	Photoshop 平台

序号	模块	模 块 名 称	编号	平　　台
4	03	图形图像处理	034	3D Studio MAX 平台
			035	CorelDRAW 平台
			036	Illustrator 平台
5	04	专业排版	041	方正书版、报版平台
			042	PageMaker 平台
			043	Word 平台
6	05	因特网应用	051	Netscape 平台
			052	Internet Explorer 平台
			053	ASP 平台
7	06	计算机中文速记	061	听录技能
8	07	微型计算机安装调试维修	071	IBM-PC 兼容机
9	08	局域网管理	081	Windows NT 平台
			082	Novell NetWare 平台
10	09	多媒体软件制作	091	Director 平台
			092	Authorware 平台
11	10	应用程序设计编制	101	Visual Basic 平台
			102	Visual C++平台
			103	Delphi 平台
			104	Visual C#平台
12	11	会计软件应用	111	用友软件系列
			112	金蝶软件系列
13	12	网页制作	121	Dreamweaver 平台
			122	Fireworks 平台
			123	Flash 平台
			124	FrontPage 平台
14	13	视频编辑	131	Premiere 平台
			132	After Effects 平台

根据计算机应用技术的发展和实际需要,考核模块将逐步扩充。

全国计算机信息高新技术考试密切结合计算机技术迅速发展的实际情况,根据软硬件发展的特点来设计考试内容和考核标准及方法,尽量采用优秀国产软件,采用标准化考试方法,重在考核计算机软件的操作能力,侧重专门软件的应用,培养具有熟练的计算机相关软件操作能力的劳动者。在考试管理上,采用随培随考的方法,不搞全国统一时间的考试,以适应考生需要。向社会公开考题和答案,不搞猜题战术,以求公平并提高学习效率。

全国计算机信息高新技术考试特别强调规范性,劳动和社会保障部职业技能鉴定中心根据"统一命题、统一考务管理、统一考评员资格、统一培训考核机构条件标准、统一颁发证书"的原则进行质量管理,每一个考核模块都制定了相应的鉴定标准和考试大纲,各地区进行培训和考试都执行统一的标准和大纲,并使用统一教材,以避免"因人而异"的随意性,使证书获得者的水平具有等价性。为适应计算机技术快速发展的现实情况,不断跟踪最新应用技术,还建立了动态的职业鉴定标准体系,并由专家委员会根据技术发展进行拟定、调整和公布。

考试咨询网站: www.citt.org.cn　培训教材咨询电话: 010-82702672, 010-62978181

出 版 说 明

全国计算机信息高新技术考试是根据原劳动部发〔1996〕19 号《关于开展计算机信息高新技术培训考核工作的通知》文件，由人力资源和社会保障部职业技能鉴定中心统一组织的计算机及信息技术领域新职业国家考试。

根据职业技能鉴定要求和劳动力市场化管理需要，职业技能鉴定必须做到操作直观、项目明确、能力确定、水平相当且可操作性强的要求。因此，全国计算机信息高新技术考试采用了一种新型的、国际通用的专项职业技能鉴定方式。根据计算机不同应用领域的特征，划分了模块和平台，各平台按等级分别独立进行考试，应试者可根据自己工作岗位的需要，选择考核模块和参加培训。

全国计算机及信息高新技术考试特别强调规范性，人力资源和社会保障部职业技能鉴定中心根据"统一命题、统一考务管理、统一考评员资格、统一培训考核机构条件标准、统一颁发证书"的原则进行质量管理。每一个考试模块都制定了相应的鉴定标准和考试大纲，各地区进行培训和考试都执行统一的标准和大纲，并使用统一教材，以避免"因人而异"的随意性，使证书获得者的水平具有等价性。

为保证考试与培训的需要，每个模块的教材由两种指定教材组成。其中一种是汇集了本模块全部试题的《试题汇编》，一种是用于系统教学使用的《培训教程》。

本书是人力资源和社会保障部全国计算机信息高新技术考试中的局域网管理模块（Windows 平台）Windows 2000 网络管理员级试题库的试卷部分，由局域网管理模块（Windows 平台）命题组编写，国家职业技能鉴定专家委员会计算机专业委员会审定。

本书根据《全国计算机信息高新技术考试局域网管理模块技能培训和鉴定标准》及《局域网管理（Windows 平台）Windows 2000 网络管理员级考试大纲》编写，供各考试站组织培训、考试使用。本书汇集了全部试题，分 8 个单元。考试时，考生根据选题单上的题号，选择题目，按照操作要求和样文，调用计算机中考试前已安装的题库电子文件，完成相应题目。

本书也能为社会各界组织计算机应用考试、检测局域网管理能力提供考试支持，为各级各类学校组织计算机教学与考试提供题源，为自学者提供学习的主要侧重点和实际达到能力的检测手段。

本书是《局域网管理（Windows 平台）Windows 2000 试题汇编（网络管理员级）》（CX-4517）一书的修订版。本次修订工作主要是对书和素材（盘）中发现的文字错误做了改正，有些叙述不清楚、不准确、不妥当的地方也加以处理。我们力求使本书达到尽善尽美，相信我们的努力会给广大使用者带来更大的方便。

本书执笔人为宋志坤、朱厚峰、李大伟、付磊、张霄、李哲、王为、郭萌、闻金川、张增华。

关于本书的不足之处，敬请批评指正。

考试说明

为了避免考生在考试中因非技能因素影响考试成绩，特此将考试时值得注意的问题说明如下，请考生在考试前仔细阅读本考试说明，正式考试时按照本考试说明正确建立考生文件夹并拷屏操作结果、保存考试结果文件。

一、考生文件夹

在"资源管理器"中 C 盘根目录下新建一个文件夹，文件夹的名称为考生准考证后 7 位数字。例如：考生的准考证号为 0241078610024000532，则考生文件夹名为 4000532，如下图所示。

二、选择题考试说明

启动考试系统，在登录窗口输入考生姓名和准考证号（考生准考证号的后 7 位），单击"确定"按钮即可生成试卷，如果是第二次进入，系统会提示考生试卷已经存在，单击 Yes 按钮继续使用该试卷，单击 No 按钮重新生成试卷。试卷答完之后，单击"保存"按钮保存答题结果。详细说明请进入考试系统后查看"帮助"。

三、关于拷屏的说明

请使用"红蜻蜓"软件抓图，并在软件的"存储"设置页设置"捕捉图像保存格式"为"GIF 文件格式"，如下图所示。

目　录

第一单元　计算机网络基础原理............................1

第二单元　局域网基础知识............................32

第三单元　局域网相关硬件............................45

第四单元　Windows 2000 Server 的安装............53

第五单元　Windows 2000 用户帐户和用户组......82

 5.1 第 1 题............................82

 5.2 第 2 题............................88

 5.3 第 3 题............................91

 5.4 第 4 题............................94

 5.5 第 5 题............................97

 5.6 第 6 题............................100

 5.7 第 7 题............................103

 5.8 第 8 题............................106

 5.9 第 9 题............................109

 5.10 第 10 题............................112

 5.11 第 11 题............................115

 5.12 第 12 题............................118

 5.13 第 13 题............................121

 5.14 第 14 题............................124

 5.15 第 15 题............................127

 5.16 第 16 题............................130

 5.17 第 17 题............................133

 5.18 第 18 题............................136

 5.19 第 19 题............................139

 5.20 第 20 题............................142

第六单元　Windows 2000 服务器配置............145

 6.1 第 1 题............................145

 6.2 第 2 题............................149

 6.3 第 3 题............................150

 6.4 第 4 题............................151

 6.5 第 5 题............................152

 6.6 第 6 题............................153

 6.7 第 7 题............................154

 6.8 第 8 题............................155

 6.9 第 9 题............................156

 6.10 第 10 题............................157

 6.11 第 11 题............................158

 6.12 第 12 题............................159

 6.13 第 13 题............................160

 6.14 第 14 题............................161

 6.15 第 15 题............................162

 6.16 第 16 题............................163

 6.17 第 17 题............................164

 6.18 第 18 题............................165

 6.19 第 19 题............................166

 6.20 第 20 题............................167

第七单元　Windows 2000 服务器资源............168

 7.1 第 1 题............................168

 7.2 第 2 题............................171

 7.3 第 3 题............................172

 7.4 第 4 题............................173

 7.5 第 5 题............................174

 7.6 第 6 题............................175

 7.7 第 7 题............................176

 7.8 第 8 题............................177

 7.9 第 9 题............................178

 7.10 第 10 题............................179

 7.11 第 11 题............................181

 7.12 第 12 题............................182

 7.13 第 13 题............................183

 7.14 第 14 题............................185

 7.15 第 15 题............................186

 7.16 第 16 题............................187

 7.17 第 17 题............................188

7.18 第18题 189

7.19 第19题 190

7.20 第20题 191

第八单元　Windows 2000 网络管理 192

8.1 第1题 192

8.2 第2题 195

8.3 第3题 196

8.4 第4题 197

8.5 第5题 198

8.6 第6题 199

8.7 第7题 200

8.8 第8题 201

8.9 第9题 202

8.10 第10题 203

8.11 第11题 204

8.12 第12题 205

8.13 第13题 206

8.14 第14题 207

8.15 第15题 208

8.16 第16题 209

8.17 第17题 210

8.18 第18题 211

8.19 第19题 212

8.20 第20题 213

附录A　各大网络适配器厂商名称一览 214

附录B　"红蜻蜓"抓图工具使用简介 215

第一单元　计算机网络基础原理

1. 计算机网络最主要的功能是（　　　）。

    A. 连接计算机和终端设备

    B. 连接通信设备和通信线路

    C. 连接网络用户

    D. 共享资源和管理数据

2. 计算机网络应具有以下哪几个特征（　　　）？

    a. 网络上各计算机在地理上是分散的

    b. 各计算机具有独立功能

    c. 按照网络协议互相通信

    d. 以共享资源为主要目的

    A. a，c

    B. b，d

    C. a，b，c

    D. a，b，c，d

3. 计算机网络的基本特征是（　　　）。

    A. 互联

    B. 开放

    C. 共享

    D. 以上都是

4. 世界上第一个远程分组交换网为（　　　）。

    A. ALOHA

    B. ALTOALOHA

    C. Ethernet

    D. ARPANET

5. Internet 的前身是（　　　）。

    A. ARPANET

    B. ALOHA

    C. Ethernet

    D. Intranet

6. 计算机网络技术是（　　　）结合的产物。

　　a. 硬件

　　b. 计算机技术

　　c. 软件

　　d. 通信技术

　　A. a 和 b

　　B. b 和 d

　　C. a 和 c

　　D. c 和 d

7. 计算机网络中传输的信号是（　　　）。

　　a. 数字信号

　　b. 模拟信号

　　A. 只有 a

　　B. 只有 b

　　C. a 和 b

　　D. 都不是

8. 计算机网络中信号的传输方式是（　　　）。

　　a. 基带传输

　　b. 窄带传输

　　c. 宽带传输

　　A. 只有 a

　　B. 只有 b

　　C. a 和 b

　　D. a 和 c

9. 主要用于数字信号传输的信号方式是（　　　）。

　　a. 基带传输

　　b. 宽带传输

　　A. a

　　B. b

　　C. a 和 b

　　D. 都不是

10. 使用"频分多路复用"技术的信号方式是（　　　）。

　　a. 基带传输

　　b. 宽带传输

　　A. a

B. b

C. a 和 b

D. 都不是

11. 具有一定编码、格式和位长要求的数字信号被称为（　　）。

A. 数据信息

B. 宽带

C. 基带

D. 串行

12. （　　）是指比音频带宽更宽的频带。

A. 数据信息

B. 宽带

C. 基带

D. 串行

13. （　　）传送就是以字符为单位一个字节一个字节地传送。

A. 数据信息

B. 宽带

C. 基带

D. 串行

14. 局域网的工作范围是（　　）。

A. 几公里～几十公里

B. 几米～几百米

C. 几米～几公里

D. 几十公里～几百公里

15. 局域网的数据传输率一般为（　　）。

A. 几 Kbps～几十 Kbps

B. 几十 Kbps～几百 Kbps

C. 几 Mbps～几十 Mbps

D. 几十 Mbps～几百 Mbps

16. 计算机网络按规模、传输距离可分为（　　）。

a. 局域网

b. 广域网

c. 以太网

d. 星形网

e. 城域网

A．a，c，d

B．a，b，d

C．a，b，e

D．a，b，c，d，e

17．计算机网络分为局域网、城域网、广域网，其中（ ）的规模最大。

A．局域网

B．城域网

C．广域网

D．一样大

18．计算机网络分为局域网、城域网、广域网，其中（ ）的规模最小。

A．局域网

B．城域网

C．广域网

D．一样大

19．（ ）是在小范围内将许多数据设备互相连接进行数据通信的计算机网络。

A．局域网

B．广域网

C．城域网

D．对等网

20．网络服务器有两种配置方式，即（ ）。

A．单服务器形式和多服务器形式

B．单服务器形式和主从服务器形式

C．多服务器形式和主从服务器形式

D．以上都不对

21．计算机网络必须具备的要素的数目是（ ）。

A．3

B．4

C．5

D．6

22．在同等条件下，影响网络文件服务器性能的决定性因素是（ ）。

A．CPU 的类型和速率

B．内存的大小和访问速率

C．缓冲能力

D．网络操作系统的性能

23. 下列说法中正确的是（ ）。

    A．网络中一般都有服务器和工作站，所以对等网络中也有服务器

    B．典型的对等网络操作系统是 Windows NT

    C．Windows for Workgroups 不是对等网络操作系统

    D．Windows 98 可以组建对等网络

24. 文件服务的最基本特征是（ ）。

    A．文件存储

    B．文件保密

    C．文件共享

    D．文件打印

25. 对正文、二进制数据、图像数据的数字化声像数据的存储、访问的发送指的是（ ）。

    A．文件服务

    B．打印服务

    C．报文服务

    D．应用服务

26. 集中式文件服务通常是被称为基于服务器的（ ）方式。

    A．主机/终端

    B．对等

    C．客户/服务器方式

    D．INTERNET

27. 将计算机连接到网络上必需的设备是（ ）。

    A．MODEM

    B．网卡

    C．服务器

    D．工作站

28. 网络服务器的功能是（ ）。

    A．存储数据

    B．资源共享

    C．提供服务

    D．以上都是

29. 层和协议的集合叫做（ ）。

    A．协议

    B．对等进程

    C．网络体系结构

    D．规程

30．计算机网络体系结构主要包括（　　　）。

A．网络的层次、拓扑结构、各层功能、协议、层次接口

B．网络的层次、拓扑结构、各层功能、层次接口

C．网络的层次、拓扑结构、各层功能

D．网络的层次、拓扑结构

31．每一层中活跃的元素叫（　　　）。

A．SAP

B．规程

C．同层实体

D．实体

32．N+1 层可以访问 N 层服务的地方就叫 N 层服务访问点（　　　）。

A．SAP

B．规程

C．同层实体

D．实体

33．（　　　）负责在应用进程之间建立、组织和同步会话，解决应用进程之间会话的许多具体问题。

A．会话层

B．表示层

C．物理层

D．网际互联

34．（　　　）为物理服务用户提供建立物理连接、传输物理服务数据单元和拆除物理连接的手段。

A．会话层

B．表示层

C．物理层

D．网际互联

35．（　　　）是整个协议层次结构中最核心的一层。

A．会话层

B．网络层

C．物理层

D．传输层

36．所谓（　　　）就是由一个端点用户所产生的报文要在另一个端点用户上表示出来的形式。

A．会话层

B．表示层

C. 物理层

    D. 网际互联

37.（　　）涉及到把两个网络连接在一起的问题。

    A. 会话层

    B. 表示层

    C. 物理层

    D. 网际互联

38. OSI 参考模型的（　　）负责在网络中进行数据的传送，又叫介质层。

    a. 应用层

    b. 表示层

    c. 会话层

    d. 传输层

    e. 网络层

    f. 数据链路层

    g. 物理层

    A. a，b

    B. a，b，c

    C. d，e，f

    D. e，f，g

39. OSI 参考模型的（　　）保证数据传输的可靠性，又叫主机层。

    a. 应用层

    b. 表示层

    c. 会话层

    d. 传输层

    e. 网络层

    f. 数据链路层

    g. 物理层

    A. a，b

    B. a，b，c，d

    C. d，e，f

    D. e，f，g

40.（　　）是局域网互联的最简单设备，它工作在 OSI 体系结构的物理层，它接收并识别网络信号，然后再生信号并将其发送到网络的其它分支上。

    A. 中继器

    B. 网桥

    C. 路由器

D. 网关

41. （　　　）工作于 OSI 体系结构的数据链路层。

A. 中继器

B. 网桥

C. 路由器

D. 网关

42. （　　　）工作在 OSI 体系结构的网络层。

A. 中继器

B. 网桥

C. 路由器

D. 网关

43. 在 OSI 的七层参考模型中，工作在第三层以上的网间连接设备是（　　　）。

A. 中继器

B. 网桥

C. 集线器

D. 网关

44. 在 OSI 的七层参考模型中，最靠近用户的一层是（　　　）。

a. 应用层

b. 表示层

c. 会话层

d. 传输层

e. 网络层

f. 数据链路层

g. 物理层

A. a

B. d

C. c

D. e

45. 深入研究计算机网络应该使用（　　　）。

A. 拓扑结构

B. 层次结构

C. 物理结构

D. 逻辑结构

46. ISO 制定的 OSI 共有几个层次（　　　）。

    A. 5
    B. 6
    C. 7
    D. 8

47. 物理层标准涉及的内容是（　　　）。
    a. 拓扑结构
    b. 信号传输
    c. 带宽作用
    d. 复用
    e. 接口
    f. 位同步

    A. a，b，c
    B. b，e，f
    C. b，d，e，f
    D. a，b，c，d，e，f

48. 协议是网络实体之间，网络之间的通信规则，它的关键因素是（　　　）。

    A. 语法
    B. 语义
    C. 语法和语义
    D. 语法、语义和同步

49. 在网络协议的三个关键因素中，数据与控制信息的结构或格式是指（　　　）。

    A. 语法
    B. 语义
    C. 语法和语义
    D. 同步

50. 在网络协议的三个关键因素中，需要发出何种控制信息、完成何种动作和做出何种应答是指（　　　）。

    A. 语法
    B. 语义
    C. 语法和语义
    D. 同步

51. 在网络协议的三个关键因素中，事件的实现顺序的详细说明是指（　　　）。

    A. 语法
    B. 语义

C．语法和语义

D．同步

52．TCP/IP 网络体系源于美国（   ）工程。

A．ALOHA

B．ALTOALOHA

C．Ethernet

D．ARPANET

53．TCP/IP 模型中没有的层是（   ）。

a．应用层

b．传输层

c．会话层

d．网络层

e．表示层

A．a 和 b

B．b 和 d

C．a 和 c

D．c 和 e

54．TCP/IP 模型中具有的层是（   ）。

a．应用层

b．传输层

c．会话层

d．网络层

e．表示层

A．a，b，c

B．a，b，d

C．a，c

D．c，e

55．在 TCP/IP 协议簇中，UDP 协议工作在（   ）。

A．应用层

B．传输层

C．网络互联层

D．网络接口层

56．层和协议的集合叫做（   ）。

A．协议

B．对等进程

C．网络体系结构

D．规程

57．TCP/IP 网络中提供可靠数据传输的是（　　）。

    A．TCP

    B．IP

    C．UDP

    D．ICMP

58．TCP/IP 模型中网络层中最重要的协议是（　　）。

    A．TCP

    B．IP

    C．UDP

    D．ICMP

59．在 TCP/IP 网络中，提供错误报告的协议是（　　）。

    A．IP

    B．TCP

    C．路由协议

    D．ICMP

60．ICMP 协议提供的消息有（　　）。

    a．目的地不可到达（Destination Unreachable）

    b．回响请求（Echo Request）和应答（Reply）

    c．重定向（Redirect）

    d．超时（Time Exceeded）

    e．路由器通告（Router Advertisement）

    f．路由器请求（Router Solicitation）

    A．a

    B．a，b

    C．a，b，c，d

    D．a，b，c，d，e，f

61．当路由器发送一条ICMP目的地不可到达(Destination Unreachable)消息时,表示(　　)。

    A．该路由器无法将数据包发送到它的最终目的地

    B．该路由器无法将数据包发送到它的下一个路由器

    C．该路由器无法将数据包进行缓存

    D．该路由器无法将数据包丢弃

62．TCP 提供的服务包括（　　）。

    a．数据流传送

    b．可靠性

    c．有效流控

    d．全双工操作

　　e. 多路复用

A. a, b

B. a, b, c

C. a, b, d

D. a, b, c, d, e

63. TCP 实现可靠性的方法是（　　　）。

　　a. 使用转发确认号对字节排序
　　b. 差错控制
　　c. 流量控制
　　d. 数据分块

A. a

B. a, b

C. a, b, c

D. a, b, c, d

64. TCP 的可靠性机制可以消除的错误有（　　　）。

　　a. 丢失
　　b. 延迟
　　c. 重复
　　d. 错读数据包

A. a

B. a, b

C. a, b, c

D. a, b, c, d

65. TCP 传输数据之前必须建立连接，建立 TCP 连接的方法是（　　　）。

A. 三路握手

B. 二路握手

C. 四路握手

D. 同步与前向确认

66. 有关 TCP 滑行窗口的说法中正确的是（　　　）。

　　a. TCP 滑行窗口有利于提高带宽利用率
　　b. TCP 滑行窗口使主机在等待确认消息的同时，可以发送多个字节或数据包
　　c. TCP 滑行窗口的大小以字节数表示
　　d. TCP 滑行窗口的大小在连接建立阶段指定
　　e. TCP 滑行窗口的大小随数据的发送而变化
　　f. TCP 滑行窗口可以提供流量控制

A．a，b，c

B．a，b，d

C．a，b，c，d，f

D．a，b，c，d，e，f

67．TCP 数据包格式中没有包括的是（　　）。

　　a．IP 地址

　　b．端口

　　c．序列号

　　d．窗口

　　e．校验和

　　f．紧急指针

　　g．数据

　　A．a

　　B．a，b，g

　　C．d，e，f

　　D．b，c，d，e，f，g

68．TCP/IP 网络中不提供可靠性传输的是（　　）。

　　A．TCP

　　B．IP

　　C．UDP

　　D．ICMP

69．使用 UDP 的应用层协议有（　　）。

　　a．网络文件系统 NFS

　　b．简单网络管理协议 SNMP

　　c．域名系统 DNS

　　d．通用文件传输协议 TFTP

　　A．a，b

　　B．a，c

　　C．b，c，d

　　D．a，b，c，d

70．UDP 数据包格式中没有的是（　　）。

　　A．端口

　　B．长度

　　C．校验和

　　D．IP 地址

71. TCP/IP 网络中应用层协议包括（   ）。

    a. FTP
    b. SNMP
    c. Telnet
    d. X 窗口
    e. NFS
    f. SMTP
    g. DNS

    A. a, b, c, d
    B. a, b, c, d, e
    C. a, b, c, d, f
    D. a, b, c, d, e, f, g

72. 网络的物理拓扑结构类型包括（   ）。

    a. 星型
    b. 环型
    c. 总线型
    d. 树型
    e. 网状

    A. a, b, c, d
    B. a, b, c, d, e
    C. a, c, e
    D. b, c, d, e

73. 网络的物理拓扑结构是指网络中（   ）的整体结构。

    A. 传输信号
    B. 传输介质
    C. 传输数据
    D. 以上都是

74. 网络逻辑拓扑结构是指网络中（   ）的整体结构。

    A. 传输信号
    B. 传输介质
    C. 传输数据
    D. 以上都是

75. "使用一条电缆作为主干缆，网上设备从主干缆上引出的电缆加以连接"，描述的是什么网络物理拓扑结构（   ）？

    A. 星型
    B. 环型

C．总线型

  D．网状

76．"把多台设备依次连接形成一个物理的环状结构，设备与设备之间采用点对点的连接方式"，描述的是什么网络物理拓扑结构（　　）？

  A．星型

  B．环型

  C．总线型

  D．网状

77．"使用集线器作为中心，连接多台计算机"，描述的是什么网络物理拓扑结构（　　）？

  A．星型

  B．环型

  C．总线型

  D．网状

78．"所有设备实现点对点连接"，描述的是什么网络物理拓扑结构（　　）？

  A．星型

  B．环型

  C．总线型

  D．网状

79．点对点连接方式下，一长介质可以将（　　）台设备进行连接。

  A．2

  B．3

  C．4

  D．不确定，视具体情况而定

80．细 Ethernet 采用总线型连接时，一个网段最多可同时连接（　　）台设备。

  A．20

  B．30

  C．40

  D．无限制

81．细 Ethernet 采用总线型连接时，相邻两台设备的最小距离规定为（　　）米。

  A．0.38

  B．0.42

  C．0.46

  D．1

82．树形结构是（　　）结构的变形。

  A．星型

  B．环型

   C. 总线型

   D. 网状

83. IBM 令牌环中最大环长小于（　　　）米。

   A. 20

   B. 50

   C. 100

   D. 120

84. IBM 令牌环中最大工作站数为（　　　）。

   A. 64

   B. 72

   C. 96

   D. 128

85. 光纤网采用环型结构，使用光源中继器则最大环长为（　　　）。

   A. 200 米

   B. 500 米

   C. 几公里

   D. 几乎没有限制

86. 10Base-T 是采用双绞线的（　　　）型网络。

   A. 星型

   B. 环型

   C. 总线型

   D. 网状

87. 5 台设备采用网状连接时，共需要（　　　）条电缆。

   A. 5

   B. 6

   C. 10

   D. 20

88. 逻辑拓扑结构主要有（　　　）。

   a. 星型

   b. 环型

   c. 总线型

   d. 树型

   e. 网状

   A. a，b，d

   B. b，c

    C. a, c, e

    D. b, d, e

89. 无线网专用（　　）的物理拓扑结构。

    A. 星型

    B. 环型

    C. 总线型

    D. 蜂窝状

90. 用来描述信号在网络中的实际传输路径的是（　　）。

    a. 逻辑拓扑结构

    b. 物理拓扑结构

    A. a

    B. b

    C. a, b

    D. 都不是

91. （　　）的逻辑拓扑中，信号是采用广播方式进行传播的。

    A. 星型

    B. 环型

    C. 总线型

    D. 蜂窝状

92. （　　）的逻辑拓扑中，信号是按照一个预定的顺序一站一站地往下传，最后回到发送站。

    A. 星型

    B. 环型

    C. 总线型

    D. 蜂窝状

93. 具有中央节点的网络拓扑结构是（　　）。

    A. 星型

    B. 环型

    C. 总线型

    D. 树型

94. 可靠性最好、容错能力最强的拓扑结构是（　　）。

    A. 星型

    B. 环型

    C. 网状

    D. 树型

95. 分级集中控制式网络是（　　）。

A. 总线型

B. 环型

C. 树型

D. 分布式

96. IP 地址格式的位数是（　　）。

A. 23

B. 24

C. 21

D. 32

97. IP 地址由几部分组成（　　）。

A. 2

B. 3

C. 4

D. 5

98. IP 地址的类型共有几种（　　）。

A. 2

B. 3

C. 4

D. 5

99. IP 地址 172.31.1.2 的类型是（　　）。

A. A 类

B. B 类

C. C 类

D. D 类

100. 网络 172.16.0.0 的子网包括（　　）。

a. 172.0.0.0

b. 172.16.1.0

c. 172.16.0.1

d. 172.16.2.0

e. 172.16.3.1

A. a

B. a，b，d

C. c，e

D. b，d

101. 子网掩码中"1"的个数等于（ ）。

    A．IP 地址中网络号的位长

    B．IP 地址中子网号的位长

    C．IP 地址中主机号的位长

    D．IP 地址中网络号位长+子网号位长

102. 不带子网的 B 类地址 171.16.0.0 的缺省子网掩码为 255.255.0.0，但如果将主机号的高 8 位作为子网号，则子网掩码是（ ）。

    A．255.0.0.0

    B．255.255.0.0

    C．255.255.255.0

    D．255.255.255.255

103. A 类 IP 地址中，网络号的字节数是（ ）。

    A．1

    B．2

    C．3

    D．4

104. B 类 IP 地址中，主机号的字节数是（ ）。

    A．1

    B．2

    C．3

    D．4

105. 主机号占 3 字节的 IP 地址的类型是（ ）。

    A．A 类

    B．B 类

    C．C 类

    D．D 类

106. 主机号与网络号的字节数相等的 IP 地址的类型是（ ）。

    A．A 类

    B．B 类

    C．C 类

    D．D 类

107. 通过 IP 地址和子网掩码获得网络号的逻辑运算是（ ）。

    A．与

    B．或

    C．异或

    D．非

108. 通过 IP 地址和子网掩码获得主机号的逻辑运算过程是（　　　）。

    A. IP 地址和子网掩码做"与"运算

    B. 子网掩码做"非"运算，再将结果与 IP 地址做"或"运算

    C. 子网掩码做"非"运算，再将结果与 IP 地址做"与"运算

    D. IP 地址做"非"运算，再将结果与 IP 地址做"或"运算

109. 由计算机的 IP 地址得到 MAC 物理地址的协议是（　　　）。

    A. IP

    B. TCP

    C. ARP

    D. RARP

110. 由计算机的 MAC 物理地址得到 IP 地址的协议是（　　　）。

    A. IP

    B. TCP

    C. ARP

    D. RARP

111. 计算机网络中存在的两种寻址方式是（　　　）。

    a. MAC

    b. IP

    c. 端口地址

    d. DNS

    A. a, b

    B. a, d

    C. c, d

    D. b, d

112. 计算机的硬件地址是指（　　　）地址。

    A. IP

    B. MAC

    C. 端口

    D. DNS

113. 争用方式是采用一种（　　　）的方式使用信道的。

    A. 先来先用

    B. 先来后用

    C. 随来随用

    D. 以上都不是

114. 介质访问方式是用来解决信号的（　　　）。

    A. 丢失

B. 碰撞

C. 单向流动

D. 以上都不是

115. 在简单争用方式下信道的利用率为（　　）。

A. 10%

B. 18%

C. 50%

D. 100%

116. 下列不属于载波监听多址（CSMA）的是（　　）。

A. 1-坚持 CSMA

B. Q-坚持 CSMA

C. 非坚持 CSMA

D. P-坚持 CSMA

117. 下列各种介质访问方式，（　　）不会发生冲突。

A. 1-坚持 CSMA

B. 非坚持 CSMA

C. P-坚持 CSMA

D. CSMA/CA

118. 为避免冲突，在 P-坚持 CSMA 方式下，应使 NP 的值（　　）。

A. 大于 1

B. 小于 1

C. 等于 1

D. 越大越好

119. Ethernet 采用下列（　　）介质访问方式。

A. CSMA/CD

B. 非坚持 CSMA

C. P-坚持 CSMA

D. CSMA/CA

120. Ethernet 不采用下列哪种算法？（　　）

A. CSMA/CD

B. 非坚持 CSMA

C. 1-坚持 CSMA

D. 二进制指数后退

121. LocalTalk 协议中采用下列（　　）介质访问方式。

A. CSMA/CD

B. 非坚持 CSMA

C. P-坚持 CSMA

D. CSMA/CA

122. 在 Ethernet 中采用的 CSMA/CD 算法比在 LocalTalk 协议中采用的 CSMA/CA 算法传输速度快（　　）倍。

A. 10

B. 20

C. 30

D. 40

123. 在令牌环中环接口有（　　）种工作方式。

A. 1

B. 2

C. 3

D. 4

124. 令牌环网的国际标准是（　　）。

A. OSI/RM

B. ANSI X3T9

C. CCITT X.25

D. IEEE802.5

125. IEEE802.5 令牌环网的编码方式是（　　）。

A. 曼彻斯特编码

B. 4B/5B

C. 5B/6T

D. 8B/10B

126. 下列软件中属于网络操作系统的是（　　）。

A. Windows 3.0

B. MS DOS 6.22

C. Windows NT Server/Windows 2000 Server

D. FoxPro 2.5

127. 下列说法中正确的是（　　）。

A. 网络中一般都有服务器和工作站，所以对等网络中也有服务器

B. 典型的对等网络操作系统是 Windows NT

C. Windows for Workgroups 不是对等网络操作系统

D. Windows 98 可以组建对等网络

128．网络操作系统的主要功能包括（　　　）。

   a．处理器管理

   b．存储器管理

   c．设备管理

   d．文件管理

   e．网络通信

   f．网络服务

   A．a，b，c，d

   B．e，f

   C．a，b，c，d，e，f

   D．都不对

129．有关网络操作系统的说法中错误的是（　　　）。

   A．网络操作系统可以提供文件传输、电子邮件等服务

   B．网络操作系统是多用户系统

   C．网络操作系统支持多种网卡和协议

   D．网络操作系统只能在特定的网络硬件上运行

130．我国市场上主要的网络操作系统是（　　　）。

   a．Novell Netware

   b．UNIX

   c．Windows NT Server

   d．Banyan

   e．OS/2

   f．Windows 2000 Server

   A．a，b，c

   B．a，b，c，d

   C．a，b，c，d，e

   D．a，b，c，d，e，f

131．构成网络操作系统通信机制的是（　　　）。

   A．进程

   B．线程

   C．通信原语

   D．对象

132．网络操作系统的新特征是：（　　　）、一致性、透明性。

   A．开放性

   B．独立性

   C．使用性

D. 透明性

133. 网络操作系统是一种（　　　）。

    A. 系统软件

    B. 系统硬件

    C. 应用软件

    D. 支援软件

134. 针对网络安全的威胁中，下列（　　　）不属于主要因素。

    A. 人为无意失误

    B. 人为恶意攻击

    C. 经常停电

    D. 网络软件漏洞

135. 安全的网络系统应具备下列哪些功能（　　　）。

    a. 网络的密钥管理

    b. 身份及信息的验证

    c. 通信信息的加密

    d. 网络的访问控制

    e. 鉴别技术

    f. 安全审计

    A. a, b, c, d

    B. e, f

    C. c, d, e, f

    D. a, b, c, d, e, f

136. 开放互联的 OSI 安全体系结构中提出了以下（　　　）安全服务。

    a. 验证

    b. 访问控制

    c. 数据保密服务

    d. 数据完整性服务

    e. 非否认服务

    A. a, b, c, d

    B. d, e

    C. c, d, e

    D. a, b, c, d, e

137. 在开放互联的 OSI 安全体系结构中的数据保密服务中，（　　　）提供了 OSI 参考模型中第 N 层服务数据单元 SDU 的数据保密性。

    A. 连接保密性

    B. 无连接保密性

    C. 选择域保密性

    D. 业务流保密性

138. 在开放互联的 OSI 安全体系结构中的数据完整性服务中,(　　)提供连接传输时 SDU 中选择域的完整性。

    A. 带恢复的连接完整性服务

    B. 不带恢复的连接完整性服务

    C. 无连接的完整性

    D. 选择域无连接的完整性服务

139. 以下（　　）属于开放互联的 OSI 安全体系结构中提出的安全机制。

    a. 加密机制

    b. 数字签名机制

    c. 访问控制机制

    d. 数据完整性机制

    e. 可信功能

    A. a, b, c, d

    B. d, e

    C. c, d, e

    D. a, b, c, d, e

140. 开放互联的 OSI 安全体系结构中提出了（　　）种安全机制。

    A. 5

    B. 8

    C. 13

    D. 15

141. 按照国际电信联盟 ITU 的标准 M3010,网络管理任务包括（　　）。

    a. 性能管理

    b. 故障管理

    c. 配置管理

    d. 计费管理

    e. 安全管理

    A. a, b

    B. a, b, c

    C. a, b, c, d

    D. a, b, c, d, e

142. 网络资源优化是（　　）的功能。

    A. 性能管理
    B. 故障管理
    C. 计费管理
    D. 安全管理

143. 网络性能管理的典型功能是（　　）。

    a. 收集统计信息
    b. 维护并检查系统状态日志
    c. 确定自然和人工状况下系统的性能
    d. 改变系统操作模式以进行系统性能管理的操作

    A. a
    B. a，b
    C. a，b，c
    D. a，b，c，d

144. 要统计网络中有多少工作站在工作，应使用的网络管理功能是（　　）。

    A. 性能管理
    B. 故障管理
    C. 配置管理
    D. 安全管理

145. 下列哪个网络管理功能可以查看指定目录或卷里文件的数目、所有者、长度及存入时间等信息？（　　）

    A. 性能管理
    B. 故障管理
    C. 配置管理
    D. 安全管理

146. 故障管理包括的典型功能是（　　）。

    a. 维护并检查错误日志
    b. 接受错误检测报告并作出响应
    c. 跟踪，辨认错误
    d. 执行诊断测试
    e. 纠正错误

    A. a，b
    B. a，b，c
    C. a，b，c，d
    D. a，b，c，d，e

147. 错误日志是哪个网络管理功能必需的（　　）。

   A．性能管理
   B．故障管理
   C．配置管理
   D．安全管理

148. 网络故障主要发生在哪些方面（　　）。

   A．硬件
   B．软件
   C．电缆系统（包括网卡）
   D．以上全是

149. 查找网络硬件故障的手段包括（　　）。

   A．诊断程序
   B．诊断设备
   C．人工查错
   D．以上全是

150. 检查硬件故障根据的网络参数是（　　）。
   a．帧头长度
   b．帧顺序
   c．CRC 错
   d．冲突的频度

   A．a，b
   B．a，b，c
   C．c
   D．a，b，c，d

151. 查找网络软件错误的有效工具是（　　）。

   A．诊断程序
   B．诊断设备
   C．规程分析仪
   D．以上全是

152. 配置管理的主要内容包括（　　）。
   a．设置开放系统中有关路由操作的参数
   b．对被管对象或被管对象组名字的管理
   c．初始化或关闭被管对象
   d．根据要求收集系统当前状态的有关信息
   e．获取系统重要变化的信息

f. 更改系统的配置

A. a，b，c

B. a，b，c，d

C. a，b，c，d，e

D. a，b，c，d，e，f

153. 识别网上设备和用户是下列谁的任务（　　）。

A. 性能管理

B. 故障管理

C. 配置管理

D. 安全管理

154. 为通信系统提供网络管理初始化数据是下列谁的任务（　　）。

A. 性能管理

B. 故障管理

C. 配置管理

D. 计费管理

155. 维护网上软件、硬件和电路清单是下列谁的任务（　　）。

A. 性能管理

B. 故障管理

C. 配置管理

D. 安全管理

156. 有关计费管理的说法中，正确的是（　　）。

A. 计费管理只对网络资源进行计费

B. 计费管理只对通信资源进行计费

C. 计费管理对网络资源和通信资源进行计费

D. 都不对

157. 除了安全管理以外，还具有安全管理能力的功能的是（　　）。

A. 性能管理

B. 故障管理

C. 配置管理

D. 计费管理

158. 下列协议中属于网络管理协议的是（　　）。

a. SNMP

b. CMIP

c. IP

d. TCP

    e. SMTP

    f. HTTP

    A. a，b

    B. a，b，c

    C. a，b，c，d

    D. a，b，c，d，e，f

159. 当 SNMP 管理者想要获得网络中某个路由器的某端口状态时，应该使用的原语是（　　）。

    A. GetRequest

    B. GetNextRequest

    C. GetResponse

    D. SetResponse

160. 当 SNMP 代理向 SNMP 管理者报警时，应该发送的信息是（　　）。

    A. GetRequest

    B. GetResponse

    C. SetResponse

    D. Trap

161. SNMP V1 管理网络所采用的策略是（　　）。

    A. 轮询管理（Polling-Based Management）

    B. 事件管理（Event-Based Management）

    C. A 和 B

    D. 都不是

162. SNMP 代理有一个管理信息库 MIB，MIB 包含被管理对象数据，这个 MIB 的结构是（　　）。

    A. 树状

    B. 网状

    C. 星型

    D. 不规则

163. SNMP 被管理对象包含若干个信息变量，每个信息变量包含的信息是（　　）。

    a. 变量名

    b. 变量的数据类型

    c. 变量的属性

    d. 变量的值

    A. a，b

    B. a，b，c

C. a，b，d

D. a，b，c，d

164．SNMP V2 增加的两个原语是（　　　）。

    a. InformRequest

    b. GetBulkRequest

    c. GetNextRequest

    d. GetResponse

    e. SetResponse

    A. a，b

    B. a，c

    C. a，d

    D. b，d

165．SNMP 管理者之间通信使用的原语是（　　　）。

    A. InformRequest

    B. GetBulkRequest

    C. GetRequest

    D. GetResponse

166．可以将 SNMP 被管理对象全部变量一次读出的原语是（　　　）。

    A. InformRequest

    B. GetBulkRequest

    C. GetNextResponse

    D. GetNextRequest

167．SNMP V2 支持的网络管理策略是（　　　）。

    a. 集中式

    b. 分布式

    A. 只有 a

    B. 只有 b

    C. a，b

    D. 都不是

168．SNMP V2 采用的信息安全技术有（　　　）。

    a. 加密

    b. 鉴别

    A. 只有 a

    B. 只有 b

    C. a，b

D. 都不是

169. SNMP V2 采用的加密技术有（　　）。
　　a. DES
　　b. MD5

　　A. 只有 a
　　B. 只有 b
　　C. a，b
　　D. 都不是

170. CMIP 的组成包括（　　）。
　　a. 被管代理
　　b. 管理者
　　c. 管理协议
　　d. 管理信息库

　　A. a，b
　　B. a，c
　　C. a，b，d
　　D. a，b，c，d

171. CMIP 管理模型包括（　　）。
　　a. 组织模型
　　b. 功能模型
　　c. 信息模型

　　A. a，b
　　B. b，c
　　C. a，c
　　D. a，b，c

172. CMIP 管理策略是（　　）。

　　A. 事件管理（Event-Based Management）
　　B. 轮询管理（Polling-Based Management）
　　C. A 和 B
　　D. 都不是

173. 有关 SNMP 和 CMIP 的说法中错误的是（　　）。

　　A. SNMP 是 Internet 的标准，CMIP 是 ISO 的标准
　　B. SNMP 比 CMIP 简单
　　C. CIMP 安全性比 SNMP 高
　　D. 符合 CMIP 的网络管理系统比符合 SNMP 的多

第二单元 局域网基础知识

1. 局域网的数据传输率最高可达（　　）。

   A. 10 Mbps
   B. 100 Mbps
   C. 1 Gbps
   D. 不确定

2. 目前局域网的数据传输率一般要高于（　　）。

   A. 10 Mbps
   B. 100 Mbps
   C. 1 Gbps
   D. 256 Kbps

3. 下列设备中属于数据通信设备的有（　　）。

   a. 计算机
   b. 终端
   c. 打印机
   d. 电话

   A. a，c
   B. b，d
   C. a，b，c
   D. a，b，c，d

4. 计算机接入 Internet 时，可以通过公共电话网进行连接。以这种方式连接并在连接时分配到一个临时性 IP 地址的用户，通常使用的是（　　）。

   A. 拨号连接仿真终端方式
   B. 经过局域网连接的方式
   C. SLIP/PPP 协议连接方式
   D. 经分组网连接的方式

5. （　　）是局域网络系统中的通信控制器或通信处理机。

   A. 网络适配器
   B. 工作站
   C. 服务器
   D. 主机

6. 通常，网络服务器在两种基本网络环境之一下动作：即（　　）模型或对等模型。

    A．客户/服务器

    B．工作站

    C．服务器

    D．用户工作站

7. 局域网的（　　）主要用于实现物理层和数据链路层的某些功能。

    A．协议软件

    B．操作系统

    C．通信软件

    D．介质访问控制方法

8. 局域网（　　）是在网络环境上的基于单机操作系统的资源管理程序。

    A．协议软件

    B．通信软件

    C．操作系统

    D．介质访问控制方法

9. 一个拥有 5 个职员的公司，每个员工拥有一台计算机，现要求用最小的代价将这些计算机联网，实现资源共享，最能满足要求的网络类型是（　　）。

    A．主机/终端

    B．对等方式

    C．客户/服务器方式

    D．INTERNET

10. 一个拥有 80 个职员的公司，不久的将来将扩展到 100 多人，每个员工拥有一台计算机，现要求将这些计算机连网，实现资源共享，最能满足此公司要求的网络类型是（　　）。

    A．主机/终端

    B．对等方式

    C．客户/服务器方式

    D．INTERNET

11. 最初以太网的数据率是（　　）。

    A．2.94 Mbps

    B．10 Mbps

    C．29.4 Mbps

    D．100 Mbps

12. 以太网的第一个国际认可标准是（　　）。

    A．DIX1.0

    B．DIX2.0

C. IEEE802.3

D. 10BASE5

13. 以太网使用共享的公共传输信道技术来源于（　　　）。

　　A. Ethernet 系统

　　B. ARPANET 系统

　　C. ALOHA 系统

　　D. Oahu 系统

14. 以太网数据通信技术是（　　　）。

　　A. CDMA/CD

　　B. CDMA

　　C. CSMA

　　D. CSMA/CD

15. 以太网的拓扑结构是（　　　）。

　　a. 总线型

　　b. 星型

　　c. 环型

　　d. 树型

　　A. a

　　B. a，b

　　C. c

　　D. d

16. 以太网的传输数据率是（　　　）。

　　A. 10 Mbps

　　B. 8 Mbps

　　C. 5 Mbps

　　D. 2 Mbps

17. 以太网中计算机之间的最大距离是（　　　）。

　　A. 2500 m

　　B. 2000 m

　　C. 1000 m

　　D. 500 m

18. 以太网中计算机数量的最大值是（　　　）。

　　A. 1024

　　B. 102

　　C. 500

　　D. 100

19. 有关以太网 CSMA/CD 的说法中，正确的是（　　　）。

a. 计算机在发送数据之前先要对数据通道进行监听

b. 当数据通道上有数据正在发送时，其他计算机也可以进行数据发送

c. 如果正在发送数据的计算机得知其他计算机也在进行发送，就停止发送数据，并发送干扰信号 Jam

d. 发生冲突的计算机等待一段时间后，可以重新请求发送

A. a

B. a，c

C. a，c，d

D. a，b，c，d

20. 使用集线器 HUB 的以太网是（　　　）。

A. 10BASE-T

B. 10BASE

C. 10BASE-F

D. 10BASE5

21. 使用 HUB 的网络是（　　　）。

a. 10BASE-T

b. 100BASE-T

c. 1000BASE-T

d. 10BASE2

e. 10BASE5

f. 10BASE-F

A. a，b，c

B. a，b，c，d

C. a，b，c，d，e

D. a，b，c，d，e，f

22. 10BASE-T 以太网采用的传输介质是（　　　）。

A. 非屏蔽双绞线

B. 同轴电缆

C. 光纤

D. 无线电波

23. 10BASE-T 以太网的接口标准是（　　　）。

A. RJ45

B. BNC

C. ST

D. SC

24. 与 10BASE2 或 10BASE5 以太网相比，10BASE-T 以太网具备的特点是（　　）。

a. 网络的增减不受段长度和站与站之间距离的限制

b. 扩展方便

c. 减少成本

d. 扩充或减少工作站都不影响或中断整个网络的工作

e. 发生故障的工作站会被自动地隔离

A. a，b，c

B. a，b，d

C. a，b，c，d

D. a，b，c，d，e

25. 10BASE2 与 10BASE5 的区别有（　　）。

a. 10BASE5 每网段 100 个节点，10BASE2 每网段 30 个节点

b. 10BASE5 每网段最大长度 500 m，10BASE2 每网段最大长度 185 m

c. 10BASE2 将 MAU 功能、收发器/AUI 线缆都集成到网卡中

A. a

B. b

C. a，b

D. a，b，c

26. 10BASE2 以太网的拓扑结构是总线型的，安装时应遵守的规则是（　　）。

a. 最大网段数是 5

b. 网段最大长度是 185 m

c. 线缆的最大总长度是 925 m

d. 每段节点的最大数目是 30

e. T 型连接器之间的最短距离是 0.5 m

f. 网段两端必须有终端器，一个端点必须接地

A. a，b，c

B. a，b，c，d

C. a，b，c，d，e

D. a，b，c，d，e，f

27. 10BASE2 与 10BASE5 的最大帧长度是（　　）。

A. 1518B

B. 1815B

C. 518B

D. 815B

28. 10BASE2 与 10BASE5 的最小帧长度是（　　）。

A. 64B

B. 164B

C. 46B

D. 146B

29. 10BASE-F 光缆以太网定义的光缆规范包括（　　）。

a. FOIRL

b. 10BASE-FP

c. 10BASE-FB

d. 10BASE-FL

A. a

B. a，b

C. a，b，c

D. a，b，c，d

30. 下列与 100BASE-TX 有关的描述中正确的是（　　）。

a. 100BASE-TX 遵守 CSMA/CD 协议

b. 100BASE-TX 使用 2 对 5 类 UTP

c. 100BASE-TX 的编码方式是 4B/5B

d. 100BASE-TX 使用 MTX-3 波形法降低信号频率

e. 100BASE-TX 使用与 10BASE-T 相同的线缆和连接器

A. a，b，c

B. a，b，d

C. a，b，c，d

D. a，b，c，d，e

31. 下列有关 100BASE-T4 的描述中正确的是（　　）。

a. 100BASE-T4 使用所有的 4 对 UTP

b. 100BASE-T4 不能进行全双工操作

c. 100BASE-T4 使用 RJ45 连接器

d. 100BASE-T4 使用 4B/5B 编码

A. a，b，c

B. a，b，d

C. b，c，d

D. a，b，c，d

32. 在 10BASE-T 以太网中，计算机与 HUB 之间的最大距离是（　　）。

A. 1000 m

B. 500 m

C. 200 m

D. 100 m

33．在 10BASE-T 以太网中，一般可以串接 HUB 的数目是（　　　）。

A．5

B．4

C．3

D．2

34．在 100BASE-T 中，HUB 与 HUB 之间的最大距离是（　　　）。

A．500 m

B．400 m

C．200 m

D．100 m

35．HUB 是 10BASE-T 以太网的重要设备，它解决了以太网的问题是（　　　）。

a．网络的管理

b．网络的维护

c．网络的稳定性

d．网络的可靠性

A．a，c

B．b，d

C．a，b，c

D．a，b，c，d

36．在异步传输模式 ATM 诞生之前，曾经提出的交换技术有（　　　）。

a．多速率电路交换

b．快速电路交换

c．帧中继

d．快速分组交换

A．a，b

B．a，c

C．b，d

D．a，b，c，d

37．CCITT 对"可统一处理声音、数据和其它服务的高速综合网络"的研究，导致了下列哪个技术的诞生（　　　）。

A．以太网

B．FDDI

C．令牌网

D．B-ISDN

38．可以高速传输数字化的声音、数据、视像和多媒体信息的网络技术是（　　　）。

A．电话网

B．公共分组交换网

C．B-ISDN

D．以太网

39．下列网络技术中，采用固定长度数据单元格式的是（　　）。

A．以太网

B．快速以太网

C．FDDI

D．ATM

40．ATM 信元的长度是（　　）。

A．可变的

B．固定的 53B

C．固定的 48B

D．固定的 5B

41．ATM 技术的数据率是（　　）。

a．155 Mbps

b．622 Mbps

c．100 Mbps

d．1000 Mbps

A．a，b

B．a，b，c

C．a，b，d

D．a，b，c，d

42．下列网络技术中具有服务质量保证的是（　　）。

A．以太网

B．FDDI

C．令牌环网

D．ATM

43．ATM 信元中的寻址信息是（　　）。

a．目的地址 DA

b．源地址 SA

c．虚拟路径识别符 VPI

d．虚拟通道标识符 VCI

A．a，b

B．c，d

C．c

D．a，b，c，d

44. ATM 技术继承以往技术的特性是（   ）。

    a. 电路交换的可靠性

    b. 分组交换的高效性

    c. 电路交换的高效性

    d. 分组交换的可靠性

    A. a

    B. b

    C. a，b

    D. c，d

45. ATM 的标准化组织是（   ）。

    a. 国际电信联盟 ITU

    b. ATM 论坛

    c. ISO

    d. IEEE

    A. a

    B. b

    C. a，b

    D. a，b，c，d

46. ATM 技术优于快速以太网的地方有（   ）。

    a. ATM 是面向连接的

    b. ATM 支持更大的 MTU

    c. ATM 的延迟较低

    d. ATM 保证服务质量

    A. a，d

    B. a，b

    C. a，b，d

    D. a，b，c，d

47. 有关局域网仿真 LANE 的说法中，正确是的（   ）。

    a. LANE 是 ATM 论坛定义的标准

    b. LANE 使 ATM 网络工作站具有传统网络（以太网和令牌环网）的功能

    c. LANE 协议可以在 ATM 网络的顶层仿真 LAN

    d. 在 ATM 网络中传输的数据以 LAN MAC 数据包格式进行封装

    e. LANE 并不仿真 LAN MAC 协议

    A. a，b，c，d，e

    B. a，b，c，d

    C. e

D. a，b，e

48. 大多数的个人电脑通过（　　）与 Internet 连接。

A. DDN 专线

B. 固接方式

C. Modem

D. 无线方式

49. Modem 连接方式适用于（　　）。

A. 大量的数据传输

B. 高速的数据传输

C. 大规模的局域网

D. 低速少量的数据传输

50. （　　）是用于计算机与公共电话交换网连接所必须的设备。

A. Modem

B. 交换机

C. 中继器

D. 网卡

51. Modem 连接方式下，下列哪些原因决定了网络传输速度？（　　）

a. 线路

b. 电话交换机

c. Modem 的速度

d. ISP 所使用的 Modem 速度

A. a，c

B. b，d

C. a，b，c

D. a，b，c，d

52. ISDN 与传统的电话线路的区别是（　　）。

A. ISDN 中传输的模拟信号

B. ISDN 中传输的为数字信号

C. 传统电话线路中传输的数字信号

D. 二者并无区别

53. 在 ISDN 接入方式，2B+D 接口的传输速率可达到（　　）。

A. 256 Kbps

B. 128 Kbps

C. 512 Kbps

D. 1 Mbps

54. 在 ISDN 接入方式，30B+D 接口的传输速率可达到（　　）。

A. 2 Mbps

B. 10 Mbps

C. 100 Mbps

D. 1 Gbps

55. 在 ISDN 接入方式，2B+D 中的 B 信道的传输速率为（　　）。

A. 256 Kbps

B. 128 Kbps

C. 512 Kbps

D. 64 Kbps

56. 计算机接入 ISDN 网络必须通过（　　）。

A. Modem

B. ISDN 终端适配器

C. 中继器

D. 网卡

57. ADSL 利用（　　）来传输数据。

A. 专用线路

B. 数字通信线路

C. 现有电话线路

D. 电力线路

58. ADSL 的传输距离为（　　）。

A. 8~10 km

B. 3~5 km

C. 10~20 km

D. 不受距离限制

59. ADSL 的上行传输速率为（　　）。

A. 640 Kbps~1 Mbps

B. 640 Kbps~2 Mbps

C. 1 Mbps~2 Mbps

D. 1 Mbps~8 Mbps

60. ADSL 的下行传输速率为（　　）。

A. 640 Kbps~1 Mbps

B. 640 Kbps~2 Mbps

C. 1 Mbps~2 Mbps

D. 1 Mbps~8 Mbps

61. HDSL 利用（　　）来传输数据。

A. 双绞线

B. 数字通信线路

C. 现有电话线路

D. 电力线路

62. HDSL 与 ADSL 的最大不同点是（　　）。

A. ADSL 的上下行速率对称

B. HDSL 的上下行速率对称

C. HDSL 的上下行速率不对称

D. 没有什么不同

63. HDSL 利用两条双绞线其传输速率可达（　　）。

A. 256 Kbps

B. 1 Mbps

C. 2.048 Mbps

D. 10 Mbps

64. HDSL 利用一条双绞线其传输速率可达（　　）。

A. 640 Kbps~1 Mbps

B. 640 Kbps~2 Mbps

C. 1 Mbps~2 Mbps

D. 1 Mbps~8 Mbps

65. 3D-DS 网络系统目前的上、下行带宽已达到（　　）。

A. 256 Kbps

B. 1 Mbps

C. 2.048 Mbps

D. 10 Mbps

66. 下列接入方式中属于无线接入的是（　　）。

a. ADSL

b. DDN

c. 低速无线本地环

d. 宽带无线接入

e. 卫星接入

A. a，c

B．b，d

C．c，d，e

D．a，b，c，d，e

67．解决接入网瓶颈的最终解决方案是（　　）。

　　A．光纤接入网

　　B．ASDL

　　C．DDN 专线

　　D．无线网

68．Cable Modem 是一种利用（　　）提供高速数据传送的计算机网络设备。

　　A．有线电视网

　　B．数字通信网

　　C．现有电话网

　　D．电力网

69．Cable Modem 的上行传输速率为（　　）。

　　A．1 Mbps

　　B．2 Mbps

　　C．10 Mbps

　　D．100 Mbps

70．Cable Modem 下行传输速率为（　　）。

　　A．1 Mbps

　　B．10 Mbps

　　C．20 Mbps

　　D．36 Mbps

第三单元　局域网相关硬件

1. 一、二类双绞线的传输速率最高可达到（　　）。

    A. 2 Mbps

    B. 4 Mbps

    C. 10 Mbps

    D. 100 Mbps

2. 三类双绞线的传输速率为（　　）。

    A. 2 Mbps～4 Mbps

    B. 4 Mbps

    C. 10 Mbps～16 Mbps

    D. 100 Mbps

3. 四类双绞线的传输速率最高可达到（　　）。

    A. 10 Mbps

    B. 20 Mbps

    C. 50 Mbps

    D. 100 Mbps

4. 五类双绞线的传输速率最高可达到（　　）。

    A. 2 Mbps

    B. 4 Mbps

    C. 10 Mbps

    D. 100 Mbps

5. 在计算机网络中最常用（　　）类双绞线。

    a. 1

    b. 2

    c. 3

    d. 4

    e. 5

    A. a 和 b

    B. b 和 d

    C. a 和 c

    D. c 和 e

6. 计算机网络使用双绞线连接时，常用（　　）接头。

    a. RJ-45

b．RJ-11

A．a

B．b

C．a 和 b

D．都不是

7．五类双绞线可应用于下列哪种网络结构中（　　　）。

a．ATM

b．10 BaseT

c．100 BaseT

d．1000 BaseT

A．a

B．b，c，d

C．b

D．a，b，c，d

8．使用 RJ-45 线材时，原则上每个区段的长度不可超过（　　　）。

A．100 m

B．200 m

C．500 m

D．1000 m

9．同轴电缆每个区段干线长可达（　　　）。

A．100 m

B．185 m

C．500 m

D．1000 m

10．使用 RG-58（T 型接头）连接局域网，不使用其他设备的前提下可连接（　　　）台计算机。

A．2

B．3

C．4

D．多

11．屏蔽双绞线的带宽，在理论上 100 m 内可达到（　　　）。

A．100 Mbps

B．200 Mbps

C．500 Mbps

D．1000 Mbps

12. 50Ω基带电缆每段可支持（　　）个设备。

    A．100

    B．200

    C．500

    D．1000

13. FDDI 光纤分布式接口标准中采用（　　）规格的光纤。

    A．8.3 μm

    B．50 μm

    C．62.5/125 μm

    D．100 μm

14. 按现代技术，光纤能支持（　　）距离范围内传输不用转发器。

    A．1~2 km

    B．2~4 km

    C．6~8 km

    D．10~20 km

15. 计算机网络使用 Null Modem 连接时，常用（　　）接头。

    A．RJ-45

    B．RJ-11

    C．RS-232

    A．a

    B．b

    C．a 和 b

    D．c

16. 典型的物理层接口是（　　）。

    A．RS-232C

    B．RS-132C

    C．RS-332C

    D．RS-233C

17. RS-232C 接口的引脚信号线包括（　　）。

    a. 数据线

    b. 控制线

    c. 信号线

    A．只有 a

    B．只有 b

    C．只有 a 和 b

    D．a，b，c

18. HUB 的功能包括（　　）。

    a. 从网卡接收信号，并将之再生和广播到其上每一接口

    b. 自动检测碰撞的产生，并发出阻塞 Jam 信号

    c. 自动隔离发生故障的网络工作站

    d. 连接网卡，使网络工作站与网络之间形成点对点的连接方式

    A. a，b

    B. a，d

    C. a，c

    D. a，b，c，d

19. HUB 和网卡之间通过发出"滴答（hear_beat）"脉冲确认物理链接的连通性，滴答脉冲的发生周期是（　　）。

    A. 16 s

    B. 8 s

    C. 4 s

    D. 1 s

20. 局域网数据交换技术包括（　　）。

    A. 线路交换和分组交换

    B. 报文交换和分组交换

    C. 线路交换和存储转发

    D. 线路交换和报文交换

21. 局域网线路交换方式的通信过程包括（　　）。

    a. 线路建立阶段

    b. 数据传输阶段

    c. 线路释放阶段

    A. a，b

    B. a，c

    C. c

    D. a，b，c

22. 下列有关线路交换方式的说法中，正确的是（　　）。

    a. 线路交换通信子网中的节点是电子或机电结合的交换设备，完成输入线路与输出线路的物理链接

    b. 交换设备和线路分为模拟和数字两类

    c. 通信子网中节点设备不存储数据，不能改变数据内容，不具备差错控制能力

    d. 线路交换的实时性强，适用于交互式会话类通信

    e. 线路交换对突发性通信不适应

    A. a，c

B. a, c, d

C. a, c, d, e

D. a, b, c, d, e

23. 存储转发交换方式与线路交换方式的主要区别表现在（ ）。

　　a. 发送的数据具有一定的格式

　　b. 通信子网的节点能够完成数据单元的接收、差错校验、存储、路由和发送功能

　　c. 线路利用率高

　　d. 可以动态选择最佳路由

　　e. 可以对不同数据格式进行转换

　　A. b

　　B. d

　　C. b, d

　　D. a, b, c, d, e

24. 数据报方式与虚电路方式的主要区别是（ ）。

　　A. 数据发送之前，站与站之间是否要建立一条路径

　　B. 可靠性

　　C. 高效性

　　D. 实时性

25. 网桥包括的种类有（ ）。

　　a. 混合网桥

　　b. 透明网桥

　　c. 源路由网桥

　　d. 源路由透明网桥

　　e. 本地网桥

　　f. 远程网桥

　　g. 多端口网桥

　　h. 交换式网桥

　　i. 模块化网桥

　　A. a, b, c, d

　　B. e, f

　　C. g, h, i

　　D. a, b, c, d, e, f, g, h, i

26. 连接不同类型 LAN 的网桥是（ ）。

　　A. 混合网桥

　　B. 透明网桥

　　C. 源路由网桥

　　D. 源路由透明网桥

27. 用于连接两端相距小于 100 m 的同等类型网络的双端口网桥是（　　　）。

    A. 本地网桥
    B. 混合网桥
    C. 多端口网桥
    D. 交换式网桥

28. 支持广域网接口的网桥是（　　　）。

    A. 本地网桥
    B. 远程网桥
    C. 多端口网桥
    D. 交换式网桥

29. 网桥在网络中的作用包括（　　　）。

    a. 用于网络互联
    b. 提高网络性能
    c. 接入控制
    d. 故障处理

    A. a
    B. c
    C. a，c
    D. a，b，c，d

30. 路由器工作在 ISO/OSI 模型的（　　　）。

    A. 物理层
    B. 数据链路层
    C. 网络层
    D. 传输层

31. 路由器用于（　　　）。

    a. 异种网络互联
    b. 多个子网互联
    c. 局域网与广域网互联

    A. a
    B. b
    C. c
    D. a，b，c

32. 路由器选择最佳传输路径的根据是（　　　）。

    a. 路由算法
    b. 路由表
    c. 协议

d. 目的地址

A. a

B. b

C. a，b

D. a，b，c，d

33. 在调制解调器上，表示该设备已经准备好，可以接收相连的计算机所发送来的信息的指示灯是（　　）。

A. CTS

B. RD

C. DTR

D. DCD

34. 为使整个网络系统的建设更合理、更经济、性能更良好，网络规划与设计应遵循（　　）的原则。

a. 认真做好需求分析

b. 要充分保证网络的先进性、可靠性、安全性与实用性

c. 统一建网规模，确定总体架构，保证网络功能的完整

d. 保证网络的可扩展性

e. 保证网络的安全

f. 具有良好的可维护性

A. a，b，c

B. b，c，d

C. c，d，e，f

D. a，b，c，d，e，f

35. 网络系统规划与设计的一般步骤应为（　　）。

A. 需求分析→网络规划→网络总体设计

B. 需求分析→网络总体设计→网络规划

C. 网络总体设计→网络规划→需求分析

D. 网络规划→需求分析→网络总体设计

36. 网络选用的通信协议和设备符合国际化标准和工业标准，可与其他系统联网和通信，是指网络系统具有（　　）。

A. 先进性

B. 实用性

C. 开放性

D. 可靠性

37.（　　）会造成网络数据传输的瓶颈。

A. 网络拓扑结构设计问题

B. 网络操作系统选择不当

　　C．网络规划文档问题

　　D．都有可能

38．服务器选择原则中的 MAPSS，是指（　　）原则。

　　a．可管理性

　　b．可用性

　　c．高性能

　　d．服务

　　e．节约成本

　　A．a，b，c

　　B．b，c，d

　　C．c，d，e

　　D．a，b，c，d，e

39．结构化布线是指按（　　）方式在建筑群中进行线路布置。

　　a．标准化

　　b．简洁化

　　c．结构化

　　d．复杂化

　　A．a，b，c

　　B．b，c，d

　　C．c，d

　　D．a，b，c，d

第四单元 Windows 2000 Server 的安装

1. Windows 2000 Server 是在（　　　）的基础之上开发出来的。

    A. Windows 98

    B. Novell

    C. Windows NT Server

    D. OS/2

2. Windows 2000 Server 的核心技术是（　　　）。

    A. Windows 98

    B. Novell

    C. Windows NT

    D. MS-DOS

3. Windows 2000 Server 系列中，功能最为强大，适合执行大型关键业务的企业使用的是（　　　）。

    A. Windows 2000 Professional

    B. Windows 2000 Server

    C. Windows 2000 Advanced Server

    D. Windows 2000 Datacenter Server

4. Windows 2000 Server 系列中，最适合中小型企业使用的网络操作系统是（　　　）。

    A. Windows 2000 Professional

    B. Windows 2000 Server

    C. Windows 2000 Advanced Server

    D. Windows 2000 Datacenter Server

5. Windows 2000 Server 系列中，最适合公司内有重要数据库的企业使用的是（　　　）。

    A. Windows 2000 Professional

    B. Windows 2000 Server

    C. Windows 2000 Advanced Server

    D. Windows 2000 Datacenter Server

6. Windows 2000 Server 具备以下哪些应用（　　　）。

    a. 文件服务器

    b. 打印服务器

    c. 数据库服务器

    d. Web 服务器

    e. 应用程序服务器

    f. 网络和通信服务器

g. 基础结构服务器

A. a，b

B. e，f，g

C. a，b，c，d

D. a，b，c，d，e，f，g

7. x86 计算机中 Windows 2000 Server 最高可访问（　　）的内存。

A. 1 GB

B. 4 GB

C. 8 GB

D. 64 GB

8. Windows 2000 Server 支持的文件系统有（　　）。

A. NTFS

B. FAT

C. FAT32

D. A，B，C

9. 要想充分发挥 Windows 2000 的特性，应使用（　　）文件系统。

A. NTFS

B. FAT

C. FAT32

D. 都不是

10. 要想建立多重开机系统，应使用（　　）文件系统。

A. NTFS

B. FAT

C. FAT32

D. B 和 C

11. 以下哪些是 NTFS 文件系统的优点（　　）。

a. 可管控文件和文件夹的安全性

b. 可将文件压缩，让分割的磁盘中存放更多资料

c. 可以允许个别用户使用的磁盘容量

d. 可将硬盘中的资料加密

A. a，b

B. a，c，d

C. b，c，d

D. a，b，c，d

12. 为了既能建立多重开机系统又能使 Windows 2000 的特性全部发挥出来，应（　　）。

A. 将硬盘规划为 NTFS 分区

B. 将硬盘规划为 FAT/ FAT32 分区

C. 系统分区使用 FAT/ FAT32，而存放 Windows 2000 资料的分区为 NTFS

D. 都不对

13. Windows 2000 Server 对 CPU 的最低需求为（　　）。

A. 486 以上的兼容处理器

B. 100 MHz 以上的兼容处理器

C. 166 MHz 以上的兼容处理器

D. 500 MHz 以上的兼容处理器

14. Windows 2000 Server 对硬盘的最低需求为（　　）。

A. 1 GB

B. 2 GB

C. 10 GB

D. 200 MB

15. Windows 2000 Server 对内存的最低需求为（　　）。

A. 8 MB

B. 32 MB

C. 64 MB

D. 128 MB

16. 在安装 Windows 2000 Server 前应先明确（　　）。

a. 是升级安装、或是重新安装、还是网络安装

b. 系统磁盘分区

c. 服务器的授权模式

d. 网络连接状况

e. 选取欲安装的组件

f. 决定服务器的密码

A. a，b

B. a，c，d，e，f

C. b，c，d

D. a，b，c，d，e，f

17. Windows 2000 Server 支持（　　）授权模式。

A. 1

B. 2

C. 3

D. 4

18. 下列操作系统中可以直接升级到 Windows 2000 Server 的是（　　）。

A. Windows NT Server 3.1

B. Windows NT Server 3.5

C. Windows NT Server 4.0

D. B 和 C

19．下列操作系统中可以直接升级到 Windows NT Server 4.0，然后再升级到 Windows 2000 Server 的是（　　）。

A. Windows NT Server 3.1

B. Windows NT Server 3.5

C. Windows NT Server 4.0

D. A 和 B

20．下列操作系统中可以直接升级到 Windows 2000 Advanced Server 的是（　　）。

A. Windows NT Server 3.1

B. Windows NT Server 3.5

C. Windows NT Server 4.0

D. Windows NT Server 4.0 Enterprise Edition

21．Windows NT Server 4.0 升级到 Windows 2000 Server 后，下列哪些项不被保留（　　）。

a. 原来的安装文件夹

b. 用户

c. 组

d. 设定值

e. 使用权限

A. a，b

B. a，c，d，e

C. b，c，d

D. 都被保留

22．Windows NT Server 4.0 升级到 Windows 2000 Server 后，Windows NT 的主要网域控制器会变成（　　）。

A. 网域控制器

B. 用户服务器

C. 独立服务器

D. 都不是

23．Windows NT Server 4.0 升级到 Windows 2000 Server 后，Windows NT 的备份网域控制器会变成（　　）。

A. 网域控制器

B. 用户服务器

C. 独立服务器

D. A 或 B

24. Windows NT Server 4.0 升级到 Windows 2000 Server 后，Windows NT Stand-alone 或 Member 会变成（　　）。

A. 网域控制器

B. 用户服务器

C. 独立服务器

D. B 或 C

25. 在将 Windows NT Server 4.0 升级到 Windows 2000 Server 前，应做（　　）。

a. 备份现存文件

b. 停用磁盘镜像

c. 中断 UPS 设备

d. 停止 DHCP 与 WINS 服务

A. a, b

B. a, c, d

C. b, c, d

D. a, b, c, d

26. Windows 2000 Server 安装后，其默认的文件夹为（　　）。

A. WINNT

B. WIN2000

C. NT

D. Windows

27. 安装 Windows 2000 Server，最主要的步骤有以下四个，其顺序应为（　　）。

a. 运行安装程序

b. 运行安装向导

c. 网络设置

d. 完成安装

A. a→b→c→d

B. b→a→c→d

C. a→c→b→d

D. b→c→a→d

28. 使用光盘直接安装 Windows 2000 Server 的条件是（　　）。

A. BIOS 的版本

B. CPU

C. 内存

D. CD-ROM 的速度

29．在下图中，欲对 Windows 2000 Server 性能选项进行设定，应单击（　　）按钮。

A．用户配置文件

B．高级

C．网络标识

D．硬件

30．在下图中，欲使所有程序分配相同资源，应单击（　　）按钮。

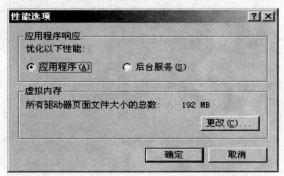

A．应用程序

B．后台服务

C．更改

D．都不是

31. 在下图中，欲改变临时文件的路径，应单击（　　）按钮。

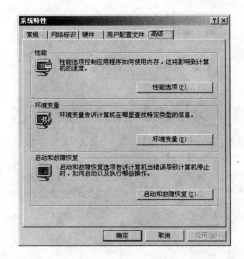

    A. 性能选项

    B. 环境变量

    C. 启动和故障恢复

    D. 都不是

32. 在下图中，欲设定预设操作系统为 Windows 2000 Server，应单击（　　）按钮。

    A. 性能选项

    B. 环境变量

    C. 启动和故障恢复

    D. 都不是

33. 在下图中，欲为硬件设定两个配置文件，应单击（　　）按钮。

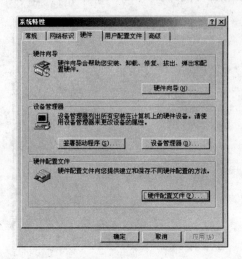

A. 硬件向导
B. 设备管理
C. 签署驱动程序
D. 硬件配置文件

34. 在下图中，欲结束 services.exe 进程，应（　　）。

A. 单击"结束进程"按钮
B. 单击"查看"菜单
C. 选中 services.exe，单击"结束进程"按钮
D. 选中"显示所有进程"复选框

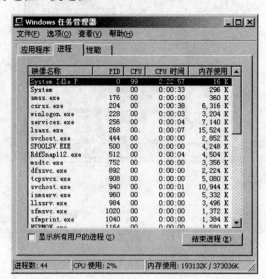

D．A2.grandlouts.com.cn 是 B1.a1.grandlouts.com.cn 的父系域

42．建立域林时，在下列域林示意图中，能够自动建立双向信任关系的是（　　）。

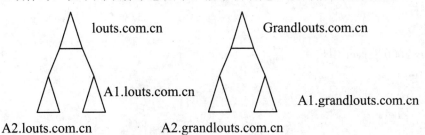

A．louts.com.cn 与 Grandlouts.com.cn

B．Grandlouts.com.cn 与 A1.louts.com.cn

C．A1.louts.com.cn 与 A1.grandlouts.com.cn

D．A2.louts.com.cn 与 A2.grandlouts.com.cn

43．下列说法中正确的是（　　）。

A．A 域单向信任 B 域，则 A 域可访问 B 域中的资源

B．A 域单向信任 B 域，则 B 域可访问 A 域中的资源

C．A 域单向信任 B 域，B 域单向信任 C 域，则 A 域单向信任 C 域

D．A 域单向信任 B 域，B 域单向信任 C 域，则 C 域单向信任 A 域

44．可与 Windows 2000 域建立单向信任关系的域有（　　）。

a．不同林中的 Windows 2000 域

b．Windows NT 域

c．MIT Kerberos V5 域

A．a

B．b

C．c

D．a，b，c

45．下图中，欲将独立服务器设为域服务器，应单击（　　）标签。

A．用户配置文件

B．高级

C．网络标识

D．硬件

46．Windows 2000 Server 用户帐户有（　　　）。

a．内建用户帐户

b．域用户帐户

c．本地用户帐户

A．a

B．b

C．c

D．a，b，c

47．Windows 2000 Server 用户帐户中权限最高的是（　　　）。

A．域用户帐户

B．本地用户帐户

C．Administrator

D．Guest

48．Windows 2000 Server 用户帐户中权限最低的是（　　　）。

A．域用户帐户

B．本地用户帐户

C．Administrator

D．Guest

49．Windows 2000 Server 用户帐户中不能删除的有（　　　）。

a．Administrator

b．Guest

c．域用户帐户

d．本地用户帐户

A．a，b

B．c，d

C．a

D．a，b，c，d

50．Windows 2000 Server 用户帐户中能删除的有（　　　）。

a．Administrator

b．Guest

c．域用户帐户

d．本地用户帐户

A．a，b

B．c，d

C．a

D．a，b，c，d

51．Windows 2000 Server 用户帐户中不能设为无效的有（　　）。

    a．Administrator

    b．Guest

    c．域用户帐户

    d．本地用户帐户

    A．a，b

    B．c，d

    C．a

    D．a，b，c，d

52．Windows 2000 Server 用户帐户中可以设为无效的有（　　）。

    a．Administrator

    b．Guest

    c．域用户帐户

    d．本地用户帐户

    A．a，b

    B．c，d

    C．b，c，d

    D．a，b，c，d

53．Windows 2000 Server 用户帐户中可以更名的有（　　）。

    a．Administrator

    b．Guest

    c．域用户帐户

    d．本地用户帐户

    A．a，b

    B．c，d

    C．b，c，d

    D．a，b，c，d

54．Windows 2000 域系统中，合法的用户帐户基本的组成要素有（　　）。

    a．登录名称

    b．密码

    c．用户姓名

    d．身份证号码

A. a，b
B. c，d
C. b，c，d
D. a，b，c，d

55. 在下图新用户帐户对话框中不能省略的项是（　　）。

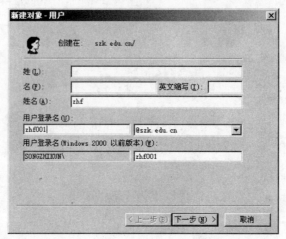

a. 姓
b. 名
c. 英文缩写
d. 姓名
e. 用户登录名

A. a，b
B. c，d
C. d，e
D. a，b，c，d

56. 在下图新用户帐户设置过程中，为确保密码只有用户知道应选（　　）。

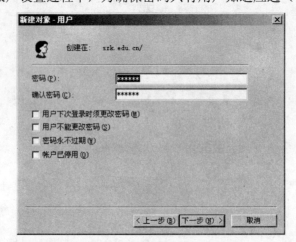

A．用户下次登录时应更改密码

B．用户不能更改密码

C．密码永不过期

D．帐户已停用

57．在下图中，欲改变用户登录域的时间应单击（　　）按钮。

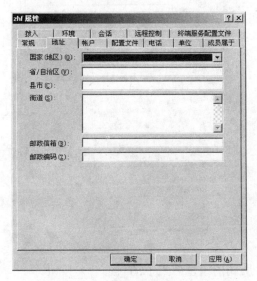

A．会话

B．地址

C．帐户

D．常规

58．从下图可知，ZHF 被拒绝登录域的时间为（　　）。

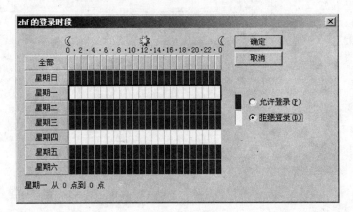

A．星期一

B．星期一、星期四

C．星期日、星期二、星期三、星期五、星期六

D．全部允许登录

59. 系统管理员欲设允许 zhf 登录的计算机，应点下图（　　）标签。

A. 会话
B. 地址
C. 帐户
D. 常规

60. 系统管理员欲设 zhf 所属的组，应点下图（　　）按钮。

A. 会话
B. 成员属于
C. 帐户
D. 常规

61. Windows 2000 Server 内建用户组有（　　）。

a. 本地域组
b. 全局组
c. 本地组
d. 系统组

A．a，c

B．b，d

C．c，d

D．a，b，c，d

62．Windows 2000 Server 内建用户组中（　　　）主要用来指定其所属域内的存取权限。

A．本地域组

B．全局组

C．本地组

D．系统组

63．只有将 Windows 2000 Server 安装成独立服务器或成员服务器时，才拥有的内建用户组是（　　　）。

A．本地域组

B．全局组

C．本地组

D．系统组

64．在 Windows 2000 的文件加密系统中，（　　　）可以为文件解密。

A．所有用户

B．给文件加密的用户

C．系统管理员

D．同组的用户

65．在 Windows 2000 的文件加密系统中，（　　　）不可以为文件加密。

A．所有用户

B．具有写入权限的用户

C．系统管理员

D．用户可对系统管理员通过远程加密功能确定的远程文件

66．在 Windows 2000，下图属性对话框中，点选（　　　）可以为 zhf 文件夹加密。

A．共享

B．安全

C．高级

D．隐藏

67．在为 zhf 文件夹选择"将更改应用于该文件夹、子文件夹和文件"属性加密后，下列说法不正确的是（　　　）。

A．zhf 具有了加密属性

B．zhf 中原有的文件都具有了加密属性

C．zhf 中新建的文件夹也将具有加密属性

D．zhf 中新建的文件夹不具有加密属性

68．在为 zhf 文件夹选择"仅更改应用于该文件夹"属性加密后，下列说法不正确的是（　　　）。

A．zhf 具有了加密属性

B．zhf 中原有的文件都具有了加密属性

C．zhf 中新建的文件夹也将具有加密属性

D．新加入到 zhf 中的文件也将具有加密属性

69．在下图中被设为共享的文件夹是（　　　）。

A．第一章

B．第二章

C．第三章

D．所有文件夹

70．在下列（　　　）情况下，用户可考虑使用 Dfs。

a．存取共享文件夹的用户分散在一个或多个网站

b．大部分用户需要存取多个共享文件夹

c．重新分布共享文件夹可能改善服务器负载平衡

d．用户需要不间断的存取共享文件

e．组织拥有内部或外部使用的网站

A. a, b

B. a, c, d

C. b, c, d

D. a, b, c, d, e

71. 在下图中，选择（　　）会将 Dfs 的设置数据存储在 Active Directory 中。

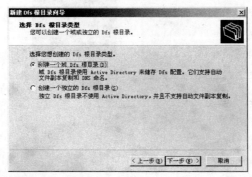

A. 创建一个域 Dfs 根目录

B. 创建一个独立的 Dfs 根目录

C. 两者都是

D. 两者都不是

72. 在下图中，建立一个 Dfs 目录的顺序是（　　）。

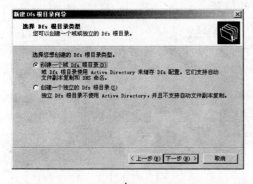

A

B

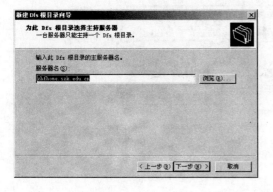

C

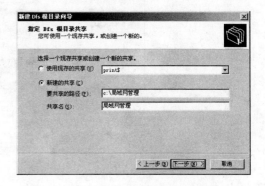

D

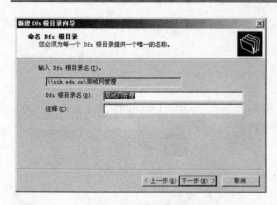

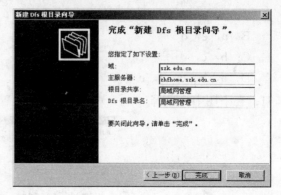

E   F

A. A→B→C→D→E→F

B. A→C→B→D→E→F

C. A→B→C→E→D→F

D. A→C→D→B→E→F

73. 在建立了 Dfs 根目录和域中的共享文件夹之后，就可以在逻辑上形成一颗树，则下列说法正确的是（　　　　）。

A. 根目录在哪里并不重要

B. Dfs 链接不能到达所有的节点

C. 改变节点的存储位置会影响节点在树中的位置

D. 改变节点的存储位置不会影响节点在树中的位置

74. 在下列 Windows 2000 的计算机管理对话框中，可以看出该计算机共使用了（　　　　）个本地硬盘。

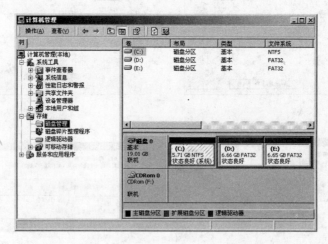

A. 1

B. 2

C. 3

D. 4

75. 在下列 Windows 2000 的计算机管理对话框中,可以看出该计算机硬盘有( )个分区为 FAT32 的分区。

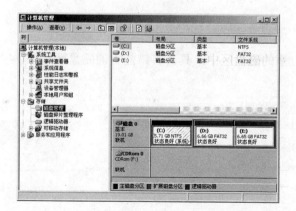

    A. 1

    B. 2

    C. 3

    D. 4

76. 在 Windows 2000 中,跨距磁盘区可用由多个磁盘的可用空间集合而成,它最多可跨
( )个实体。

    A. 2

    B. 4

    C. 16

    D. 32

77. 在 Windows 2000 中,使用 RAID-5 磁盘区最少需要( )个磁盘。

    A. 1

    B. 2

    C. 3

    D. 4

78. 在 Windows 2000 中,使用动态磁盘有下列( )特点。

    A. 不能改变磁盘空间

    B. 改变磁盘空间时必须重开机

    C. 改变磁盘空间时不必重开机

    D. 与基本磁盘没有什么不同

79. 在 Windows 2000 中的磁盘区中,不具备容错能力的磁盘区是( )。

    a. 简单磁盘区

    b. 跨距磁盘区

    c. 镜像磁盘区

    d. RAID-5 磁盘区

A．a．b

B．b．d

C．c．d

D．a．b。c。d

80．在 Windows 2000 中的磁盘区中，具备容错能力的磁盘区是（　　）。

   a. 简单磁盘区

   b. 跨距磁盘区

   c. 镜像磁盘区

   d. RAID-5 磁盘区

A．a，b

B．b，d

C．c，d

D．a，b，c，d

81．在 Windows 2000 中对文件具有备份权力的用户是（　　）。

   a. 所有用户

   b. 具有读取权

   c. 具有读取与执行权

   d. 具有修改权

   e. 具有完全控制权

A．a，e

B．a，c，d

C．b，c，d，e

D．a，b，c，d，e

82．在 Windows 2000 中对备份文件具有数据还原权力的用户是（　　）。

   a. 所有用户

   b. 具有读取权

   c. 具有读取与执行权

   d. 具有修改权

   e. 具有完全控制权

A．a，e

B．a，c，d

C．d，e

D．a，b，c，d，e

83．在 Windows 2000 的下列群组中，不论文件的权限设置为何，都对文件具有数据备份与还原权力的是（　　）。

   a. Administrators

b. Backup operators

c. Guests

d. Power Users

e. Replicator

A. a，b

B. a，c，d

C. b，c，d，e

D. a，b，c，d，e

84. Windows 2000 中在对文件进行备份前，应把要备份的文件（　　　）。

A. 加密

B. 设为共享

C. 打开

D. 关闭

85. Windows 2000 中在对文件进行备份时，要备份的文件在哪种模式下会造成数据的失败
（　　　）。

A. 加密

B. 设为共享

C. 打开

D. 关闭

86. Windows 2000 中要对网络中的文件进行备份时，应在下图备份文件过程窗口中选择
（　　　）。

A. 我的电脑

B. Winlines

C. 我的文档

D. 网上邻居

87. 在下图进行文件备份的窗口中，将被备份的文件是（　　　）。

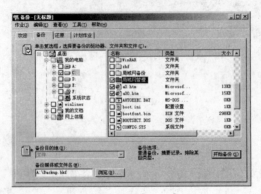

    A. a0.htm、a00.htm

    B. 局域网管理文件夹

    C. 局域网管理文件夹及文件夹下的所有文件

    D. a0.htm、a00.htm、局域网管理文件夹及文件夹下的所有文件

88. 从下图进行文件备份的窗口中可以看出，备份文件将被保存在（　　　）。

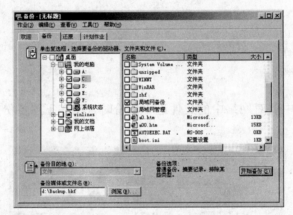

    A. 我的文档

    B. 局域网备份文件夹

    C. c:\

    D. d:\

89. Windows 2000 中在对文件进行备份时，有下列哪些类型（　　　）。

    a. 普通

    b. 副本

    c. 增量

    d. 差异

    e. 每日

    A. a，b

    B. a，c，d

C. b，c，d，e

D. a，b，c，d，e

90．Windows 2000 中在对文件进行备份时，有下列哪些类型会将备份文件标示为备份
（　　）。

a. 普通

b. 副本

c. 增量

d. 差异

e. 每日

A. a，b

B. a，c

C. b，c，d，e

D. a，b，c，d，e

91．Windows 2000 中在对文件进行备份时，有下列哪些类型不会将备份文件标示为备份
（　　）。

a. 普通

b. 副本

c. 增量

d. 差异

e. 每日

A. a，b

B. a，c

C. b，d，e

D. a，b，d，e

92．在下图 Windows 2000 的备份选项中，有下列哪些情况不要勾选"使用媒体上的编录加
速在磁盘上建立还原编录"（　　）。

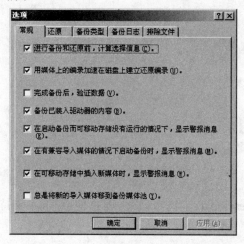

　　a. 使用普通备份

　　b. 使用副本备份

　　c. 要从几个磁盘上还原数据

　　d. 要从几个磁盘上还原数据且具有媒体编录的磁盘不存在

　　e. 还原数据的媒体已损坏

　　A. a，b

　　B. a，c

　　C. d，e

　　D. a，b，d，e

93. 在 Windows 2000 下列有关打印的说法中，（　　　）指的是硬件设备。

　　a. 打印装置

　　b. 打印机

　　c. 打印工作

　　d. 打印驱动程序

　　e. 打印服务器

　　A. a，e

　　B. a，c，d

　　C. d，e

　　D. a，b，c，d，e

94. 在 Windows 2000 Professional 当作打印服务器来使用时，最多可连接（　　　）个用户。

　　A. 2

　　B. 4

　　C. 10

　　D. 任意多个

95. 在 Windows 2000 Professional 当作打印服务器来使用时，支持下列哪种计算机（　　　）。

　　a. Unix

　　b. Windows 98

　　c. Windows 2000

　　d. Macintosh

　　e. NetWare

　　A. b，c

　　B. a，b，c

　　C. d，e

　　D. a，b，c，d，e

96. 在 Windows 2000 Professional 当作打印服务器来使用时，不支持下列哪种计算机（　　　）。

　　a. Unix

b. Windows 98

    c. Windows 2000

    d. Macintosh

    e. NetWare

  A. b，c

  B. a，b，c

  C. d，e

  D. a，b，c，d，e

97. 在给 Windows 2000 中安装的打印机命名时，名称最多不要超过（   ）个字符。

  A. 16

  B. 24

  C. 30

  D. 31

98. 在下图 Windows 2000 中打印机属性对话框中，用于修改纸张类型的按钮是（   ）。

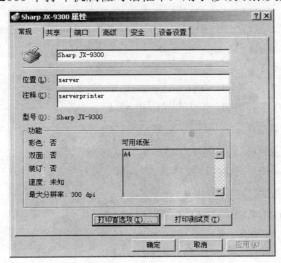

  A. 端口

  B. 设备设置

  C. 安全

  D. 打印首选项

99. 在下图 Windows 2000 中的打印机属性对话框中，要将打印机的信息发布到 Active Directory 中应勾选（　　）按钮。

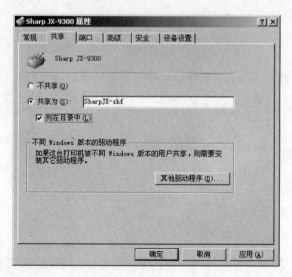

    A. 不共享

    B. 共享

    C. 列在目录中

    D. 其他驱动程序

100. 在 Windows 2000 中打印机池中的打印机应（　　）。

    A. 可以是不同的打印机

    B. 可以用不同的打印驱动程序

    C. 打印机必须相同但打印驱动程序可以不同

    D. 打印机和打印驱动程序都相同

101. 在 Windows 2000 中打印机的最高优先级为（　　）。

    A. 0

    B. 1

    C. 99

    D. 100

102. 在 Windows 2000 中打印机的最低优先级为（　　）。

    A. 0

    B. 1

    C. 99

    D. 100

103. 在 Windows 2000 中，如果 User1 属于 Group1 与 Group2 两个群组，只有 Group1 具有管理文档的权限，则 User1（　　）。

    A. 也具有管理文档的权限

    B. 时有时无

C. 不具有管理文档的权限

D. 不确定

104. 在 Windows 2000 中，下列打印管理权限最高的是（　　）。

A. 管理文档

B. 管理打印机

C. 打印

D. 一样高

105. 在 Windows 2000 中，下列打印管理权限最低的是（　　）。

A. 管理文档

B. 管理打印机

C. 打印

D. 一样高

第五单元　Windows 2000用户帐户和用户组

5.1　第1题

【操作要求】

1. **建用户账号**：使用"Active Directory用户和计算机"建立一个新用户，新用户账号需要定义的属性值如表5-1-1所示。输入表5-1-1所示属性值，将设置后的对话框（如图5-1-1和图5-1-2所示）拷屏，以文件名5-1-1.gif、5-1-2.gif保存到考生文件夹。

表5-1-1　用户账号属性表

资料种类	值
姓	New
名	AdminiUser
英文缩写	-Opr
用户登录名	NewAdminiUse
密码	NewAdminiUse
确认密码	NewAdminiUse
密码选项	用户下次登录时须更改密码

图 5-1-1　输入用户基本资料　　　　图 5-1-2　规划用户通行密码

2. **帐户属性**：将用户NewAdminiUser-Opr的登录时间限制为允许星期一到星期五8:00~20:00，将设置后的"登录时段"对话框（如图5-1-3所示）拷屏，以文件名5-1-3.gif保存到考生文件夹；将用户登录工作站设置为允许所有计算机，将设置后的"登录工作站"对话框（如图5-1-4所示）拷屏，以文件名5-1-4.gif保存到考生文件夹；将"帐户过期"设置为"永不过期"，将设置后的"NewAdminiUser-Opr属性"对话框的"帐户"选项卡（如图5-1-5所示）拷屏，以文件名5-1-5.gif保存到考生文件夹。

3. **指定所属组**：将用户NewAdminiUser-Opr指定为Administrators组的成员，然后将

设置的结果拷屏（如图 5-1-6 所示），以文件名 5-1-6.gif 保存到考生文件夹。

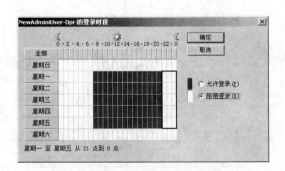

图 5-1-3　限制用户登录时间

图 5-1-4　规划用户登录工作站

图 5-1-5　限制帐户过期

图 5-1-6　将用户帐户加入到指定的组

4. **设定登录环境**：按照表 5-1-2 设置用户 NewAdminiUser-Opr 的用户环境属性，将设置后的对话框拷屏（如图 5-1-7 所示），以文件名 5-1-7.gif 保存到考生文件夹。

表 5-1-2　用户环境属性

属性	值
用户配置文件路径	\\WIN2K\netlogon
登录脚本名	NewAdminiUser.bat
本地路径	d:\users

5. **限制拨入权限**：给予用户 NewAdminiUser-Opr "远程访问权限"的"允许访问"权限，"回拨选项"设置为"不回拨"，将设置后的"拨入"选项卡拷屏（如图 5-1-8 所示），以文件名 5-1-8.gif 保存到考生文件夹。

图 5-1-7　设置用户登录环境配置文件　　　　　　图 5-1-8　设置用户拨入权限

6. **设定安全属性**：将 NewAdminiUser-Opr 帐户的权限设置为允许 Everyone 组的读取权限，将设置后的对话框拷屏（如图 5-1-9 所示），以文件名 5-1-9.gif 保存到考生文件夹。

7. **新建用户组**：建立一个新组，其属性如表 5-1-3 所示，将设置后的对话框拷屏（如图 5-1-10 所示），以文件名 5-1-10.gif 保存到考生文件夹。

表 5-1-3　用户组属性

属性	值
组名	NewGlobleSecuritGroup51
组作用域	全局
组类型	安全式

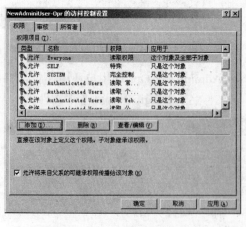

图 5-1-9　设置帐户安全属性　　　　　　图 5-1-10　输入组属性值

8. **为用户组添加成员**：将用户 NewAdminiUser-Opr 和 Guest 加入到新建的用户组；将组 NewGlobleSecuritGroup51 加入到组 users 中。将设置后的对话框拷屏（如图 5-1-11 和图 5-1-12 所示），分别以文件名 5-1-11.gif、5-1-12.gif 保存到考生文件夹。

图 5-1-11　设置组的成员　　　　　　　图 5-1-12　将组加入到其他组

9. **设置帐户原则**：按表 5-1-4 中的值设置密码策略、帐户锁定策略，将设置后的对话框拷屏（如图 5-1-13 和图 5-1-14 所示），以文件名 5-1-13.gif、5-1-14.gif 保存到考生文件夹。

表 5-1-4　密码策略属性

属性	值
密码必须符合复杂性要求	已启用
密码长度最小值	6 个字符
密码最长存留期	30 天
密码最短存留期	1 天
强制密码历史	5 个记住的密码
为域中所有用户使用可还原的加密来储存密码	已停用
复位帐户锁定计数器	60 分钟以后
帐户锁定时间	60 分钟
帐户锁定阈值	5 次无效登录

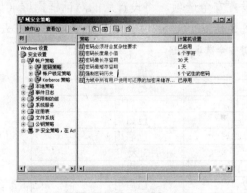

图 5-1-13　设置密码策略　　　　　　　图 5-1-14　设置帐户锁定策略

10. **设置用户权利**：指派表 5-1-5 中所赋值的策略，将设置后的对话框拷屏（如图 5-1-15 所示），以文件名 5-1-15.gif 保存到考生文件夹。

表 5-1-5 设置用户权利指派

属性	值
备份文件和目录	Backup Operators
创建永久共享对象	Administrators
从网络访问此计算机	Everyone
关闭系统	Administrators,Server Operators
还原文件和目录	Administrators,Backup Operators

图 5-1-15 设置用户权利指派

图 5-1-16 设置审核策略

11. **设置审核策略：** 按表 5-1-6 中的值设置审核策略，将设置后的对话框拷屏（如图 5-1-16 所示），以文件名 5-1-16.gif 保存到考生文件夹。

表 5-1-6 设置审核策略

属性	值
审核策略更改	失败
审核登录事件	成功，失败
审核对象访问	失败
审核过程追踪	成功，失败
审核文件夹服务访问	成功，失败
审核特权使用	失败
审核系统事件	失败
审核帐户登录事件	失败
审核帐户管理	成功，失败

12. **设置安全选项：** 按表 5-1-7 中的值设置安全选项，将设置后的对话框拷屏（如图 5-1-17 和图 5-1-18 所示），以文件名 5-1-17.gif、5-1-18.gif 保存到考生文件夹。

表 5-1-7 设置安全选项策略

属性	值
登录时间用完自动注销用户	已启用
登录屏幕上不要显示上次登录的用户名	已启用
登录时间过期就自动注销用户	已启用
允许在未登录前关机	已启用
在密码到期前提示用户更改密码	3 天
只有本地登录的用户才可使用 CD-ROM	已启用
只有本地登录的用户才可使用软盘	已启用

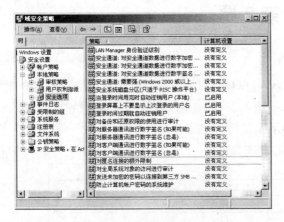

图 5-1-17 设置安全属性

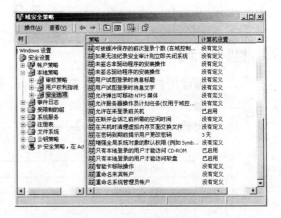

图 5-1-18 设置安全属性

5.2　第 2 题

【操作要求】

1. **新建用户账号**：使用"Active Directory 用户和计算机"建立一个新用户，新用户账号需要定义的属性值如表 5-2-1 所示。输入表 5-2-1 所示属性值，将设置后的对话框拷屏，以文件名 5-2-1.gif、5-2-2.gif 保存到考生文件夹。

表 5-2-1　用户账号属性表

资料种类	值
姓	New
名	BackupUser
英文缩写	-Opr
用户登录名	NewBackupUser
密码	NewBackupUser
确认密码	NewBackupUser
密码选项	用户不能更改密码

2. **限制帐户属性**：将用户 NewBackupUser-Opr 的登录时间限制为允许星期六和星期日所有时间，将设置后的"登录时段"对话框拷屏，以文件名 5-2-3.gif 保存到考生文件夹；将用户登录工作站设置为允许 BackupComputer0 到 BackupComputer5，将设置后的"登录工作站"对话框拷屏，以文件名 5-2-4.gif 保存到考生文件夹；将"帐户过期"设置为"永不过期"，将设置后的"NewBackupUser-Opr 属性"对话框的"帐户"选项卡拷屏，以文件名 5-2-5.gif 保存到考生文件夹。

3. **指定所属组**：将用户 NewBackupUser-Opr 指定为 Backup Operators 和 Domain Users 组的成员，然后将设置的结果拷屏，以文件名 5-2-6.gif 保存到考生文件夹。

4. **设定登录环境**：输入表 5-2-2 所示需要设置的用户环境属性值，将设置后的对话框拷屏，以文件名 5-2-7.gif 保存到考生文件夹。

表 5-2-2　用户环境属性

属性	值
用户配置文件路径	\\WIN2K\netlogon
登录脚本名	NewBackupUser.bat
本地路径	d:\users

5. **限制拨入权限**：给予用户 NewBackupUser-Opr "远程访问权限"的"允许访问"权限，"回拨选项"设置为"不回拨"，将设置后的"拨入"选项卡拷屏，以文件名 5-2-8.gif 保存到考生文件夹。

6. **设定安全属性**：将 NewBackupUser-Opr 帐户的权限设置为允许 Administrators 组"完全控制"，将设置后的对话框拷屏，以文件名 5-2-9.gif 保存到考生文件夹。

7. **新建用户组**：建立一个新组，其属性如表 5-2-3 所示，将设置后的对话框拷屏，以文件名 5-2-10.gif 保存到考生文件夹。

表 5-2-3　用户组属性

属性	值
组名	NewGlobleGroup52
组作用域	全局
组类型	安全式

8. **为用户组添加成员**：将用户 NewBackupUser-Opr 加入到新建的用户组；将组 NewGlobleGroup52 加入到组 Backup Operators 中。将设置后的对话框拷屏，分别以文件名 5-2-11.gif、5-2-12.gif 保存到考生文件夹。

9. **设置帐户原则**：按表 5-2-4 中的值设置密码策略、帐户锁定策略，将设置后的对话框拷屏，以文件名 5-2-13.gif、5-2-14.gif 保存到考生文件夹。

表 5-2-4　密码策略属性

属性	值
密码必须符合复杂性要求	已启用
密码长度最小值	6 个字符
密码最长存留期	60 天
密码最短存留期	3 天
强制密码历史	3 个记住的密码
为域中所有用户使用可还原的加密来储存密码	已停用
复位帐户锁定计数器	30 分钟以后
帐户锁定时间	30 分钟
帐户锁定阈值	3 次无效登录

10. **设置用户权利**：指派表 5-2-5 中所赋值的策略，将设置后的对话框拷屏，以文件名 5-2-15.gif 保存到考生文件夹。

表 5-2-5　设置用户权利指派

属性	值
创建永久共享对象	Administrators
从网络访问此计算机	Administrators, Backup Operators
从远端系统强制关机	Administrators
关闭系统	Administrators
还原文件和目录	Administrators

11. **设置审核策略**：按表 5-2-6 中的值设置审核策略，将设置后的对话框拷屏，以文件名 5-2-16.gif 保存到考生文件夹。

表 5-2-6　设置审核策略

属性	值
审核策略更改	失败
审核登录事件	成功，失败
审核对象访问	没有定义
审核过程追踪	成功，失败
审核文件夹服务访问	成功，失败
审核特权使用	失败
审核系统事件	没有定义
审核帐户登录事件	没有定义
审核帐户管理	成功，失败

12. **设置安全选项**：按表 5-2-7 中的值设置安全选项，将设置后的对话框拷屏，以文件名 5-2-17.gif、5-2-18.gif 保存到考生文件夹。

表 5-2-7 设置安全选项策略

属性	值
登录屏幕上不再显示上次登录的用户名	已启用
对备份和还原权限的使用进行审计	已启用
对匿名连接的额外限制	不允许枚举 SAM 账号和共享
允许在未登录前关机	已启用
在关机时清理虚拟内存页面交换文件	已启用
在密码到期提示用户更改密码	5 天
只有本地登录的用户才可使用软盘	已启用

5.3　第3题

【操作要求】

1. **新建用户账号**：使用 "Active Directory 用户和计算机" 建立一个新用户，新用户账号需要定义的属性值如表 5-3-1 所示。输入表 5-3-1 所示属性值，将设置后的对话框拷屏，以文件名 5-3-1.gif、5-3-2.gif 保存到考生文件夹。

表 5-3-1　用户账号属性表

资料种类	值
姓	New
名	Replicator
英文缩写	-Use
用户登录名	NewReplicator
密码	NewReplicator
确认密码	NewReplicator
密码选项	密码永不过期

2. **限制帐户属性**：将用户 NewReplicator-Use 的登录时间限制为允许每天 7:00 到 21:00，将设置后的 "登录时段" 对话框拷屏，以文件名 5-3-3.gif 保存到考生文件夹；将用户登录工作站设置为允许 WorkStation01，将设置后的 "登录工作站" 对话框拷屏，以文件名 5-3-4.gif 保存到考生文件夹；将 "帐户过期" 设置为 "在这之后" 的 "2003 年 1 月 27 日"，将设置后的 "NewReplicator-Use 属性" 对话框的 "帐户" 选项卡拷屏，以文件名 5-3-5.gif 保存到考生文件夹。

3. **指定所属组**：将用户 NewReplicator-Use 指定为 Replicator 和 Domain Users 组的成员，然后将设置结果拷屏，以文件名 5-3-6.gif 保存到考生文件夹。

4. **设定登录环境**：输入表 5-3-2 所示需要设置的用户环境属性值，将设置后的对话框拷屏，以文件名 5-3-7.gif 保存到考生文件夹。

表 5-3-2　用户环境属性

属性	值
用户配置文件路径	\\WIN2K\netlogon
登录脚本名	NewReplicator.bat
本地路径	e:\users

5. **限制拨入权限**：给予用户 NewReplicator-Use "远程访问权限" 的 "允许访问" 权限，将 "回拨选项" 设置为 "总是回拨到" 010-69731994，将设置后的 "拨入" 选项卡拷屏，以文件名 5-3-8.gif 保存到考生文件夹。

6. **设定安全属性**：将 NewReplicator-Use 帐户的权限设置为允许 Administrators 组完全控制，将设置后的对话框拷屏，以文件名 5-3-9.gif 保存到考生文件夹。

7. **新建用户组**：建立一个新组，其属性如表 5-3-3 所示，将设置后的对话框拷屏，以文件名 5-3-10.gif 保存到考生文件夹。

表 5-3-3　用户组属性

属性	值
组名	NewGlobleDistribGroup53
组作用域	全局
组类型	分布式

8. **为用户组添加成员**：将用户 NewReplicator-Use 加入到新建的用户组；将组 NewGlobleDistribGroup53 加入到组 Replicator 和 users 中。将设置后的对话框拷屏，分别以文件名 5-3-11.gif、5-3-12.gif 保存到考生文件夹。

9. **设置帐户原则**：按表 5-3-4 中的值设置密码策略、帐户锁定策略，将设置后的对话框拷屏，以文件名 5-3-13.gif、5-3-14.gif 保存到考生文件夹。

表 5-3-4　密码策略属性

属性	值
密码必须符合复杂性要求	已停用
密码长度最小值	6 个字符
密码最长存留期	90 天
密码最短存留期	5 天
强制密码历史	没有定义
为域中所有用户使用可还原的加密来储存密码	已停用
复位帐户锁定计数器	30 分钟以后
帐户锁定时间	30 分钟
帐户锁定阈值	5 次无效登录

10. **设置用户权利**：指派表 5-3-5 中所赋值的策略，将设置后的对话框拷屏，以文件名 5-3-15.gif 保存到考生文件夹。

表 5-3-5　设置用户权利指派

属性	值
备份文件和目录	Backup Operators
产生安全审核	Account Operators
创建永久共享对象	Administrators
从插接工作站中取出计算机	Adminostrators
关闭系统	Administrators,Server Operators
还原文件和目录	Administrators,Backup Operators
拒绝本地登录	Guests

11. **设置审核策略**：按表 5-3-6 中的值设置审核策略，将设置后的对话框拷屏，以文件名 5-3-16.gif 保存到考生文件夹。

表 5-3-6　设置审核策略

属性	值
审核策略更改	成功，失败
审核登录事件	失败
审核对象访问	没有定义
审核过程追踪	没有定义
审核文件夹服务访问	没有定义
审核特权使用	失败
审核系统事件	成功，失败

续表

属性	值
审核帐户登录事件	没有定义
审核帐户管理	成功，失败

12. **设置安全选项**：按表 5-3-7 中的值设置安全选项，将设置后的对话框拷屏，以文件名 5-3-17.gif、5-3-18.gif 保存到考生文件夹。

表 5-3-7　设置安全选项策略

属性	值
当登录时间用完自动注销用户	已启用
登录屏幕上不再显示上次登录的用户名	已启用
登录时间过期就自动注销用户	已启用
对备份和还原权限的使用进行审计	已启用
对匿名连接的额外限制	没有显式匿名权限就无法访问
允许在未登录前关机	已启用
在密码到期提示用户更改密码	5 天
只有本地登录的用户才可使用软盘	已启用
智能卡移除操作	强制注销

5.4　第 4 题

【操作要求】

1. **新建用户账号**：使用 "Active Directory 用户和计算机" 建立一个新用户，新用户账号需要定义的属性值如表 5-4-1 所示。输入表 5-4-1 所示属性值，将设置后的对话框拷屏，以文件名 5-4-1.gif、5-4-2.gif 保存到考生文件夹。

表 5-4-1　用户账号属性表

资料种类	值
姓	New
名	ServerUser
英文缩写	-Opr
用户登录名	NewServerUser
密码	NewServerUser
确认密码	NewServerUser
密码选项	用户不能更改密码；密码永不过期

2. **限制帐户属性**：将用户 NewServerUser-Opr 的登录时间限制为允许所有时间，将设置后的 "登录时段" 对话框拷屏，以文件名 5-4-3.gif 保存到考生文件夹；将用户登录工作站设置为允许所有计算机，将设置后的 "登录工作站" 对话框拷屏，以文件名 5-4-4.gif 保存到考生文件夹；将 "帐户过期" 设置为 "永不过期"，将设置后的 "NewServerUser-Opr 属性" 对话框的 "帐户" 选项卡拷屏，以文件名 5-4-5.gif 保存到考生文件夹。

3. **指定所属组**：将用户 NewServerUser-Opr 指定为 Domain users 和 Server Operators 组的成员，然后将设置的结果拷屏，以文件名 5-4-6.gif 保存到考生文件夹。

4. **设定登录环境**：输入表 5-4-2 所示需要设置的用户环境属性值，将设置后的对话框拷屏，以文件名 5-4-7.gif 保存到考生文件夹。

表 5-4-2　用户环境属性

属性	值
用户配置文件路径	\\WIN2K\netlogon
登录脚本名	NewServerUser.bat
本地路径	e:\ NewServerUser

5. **限制拨入权限**：给予用户 NewServerUser-Opr "远程访问权限" 的 "允许访问" 权限，"回拨选项" 设置为 "不回拨"，将设置后的 "拨入" 选项卡拷屏，以文件名 5-4-8.gif 保存到考生文件夹。

6. **设定安全属性**：将 NewServerUser-Opr 帐户的权限设置为允许 Administrators 组完全控制，将设置后的对话框拷屏，以文件名 5-4-9.gif 保存到考生文件夹。

7. **新建用户组**：建立一个新组，其属性如表 5-4-3 所示，将设置后的对话框拷屏，以文件名 5-4-10.gif 保存到考生文件夹。

表 5-4-3　用户组属性

属性	值
组名	NewGeneralSecurityGroup54
组作用域	全局
组类型	安全式

8. **为用户组添加成员**：将用户 NewServerUser-Opr 加入到新建的用户组；将组 NewGeneralSecurityGroup54 加入到组 Server Operators 中。将设置后的对话框拷屏，分别以文件名 5-4-11.gif、5-4-12.gif 保存到考生文件夹。

9. **设置帐户原则**：按表 5-4-4 中的值设置密码策略、帐户锁定策略，将设置后的对话框拷屏，以文件名 5-4-13.gif、5-4-14.gif 保存到考生文件夹。

表 5-4-4　密码策略属性

属性	值
密码必须符合复杂性要求	已停用
密码长度最小值	6 个字符
密码最长存留期	90 天
密码最短存留期	5 天
强制密码历史	没有定义
为域中所有用户使用可还原的加密来储存密码	已启用
复位帐户锁定计数器	45 分钟以后
帐户锁定时间	45 分钟
帐户锁定阈值	5 次无效登录

10. **设置用户权利**：指派表 5-4-5 中所赋值的策略，将设置后的对话框拷屏，以文件名 5-4-15.gif 保存到考生文件夹。

表 5-4-5　设置用户权利指派

属性	值
备份文件和目录	Backup Operators
产生安全审核	Account Operators
创建永久共享对象	Administrators
关闭系统	Administrators,Server Operators
拒绝本地登录	Guests
跳过遍历检查	Everyone

11. **设置审核策略**：在"本地策略"对话框中按表 5-4-6 中的值设置审核策略，将设置后的对话框拷屏（如图 5-4-16 所示），以文件名 5-4-16.gif 保存到考生文件夹。

表 5-4-6　设置审核策略

属性	值
审核策略更改	成功，失败
审核登录事件	失败
审核对象访问	没有定义
审核过程追踪	没有定义
审核文件夹服务访问	没有定义
审核特权使用	失败

续表

属性	值
审核系统事件	成功，失败
审核帐户登录事件	没有定义
审核帐户管理	失败

12. **设置安全选项**：按表 5-4-7 中的值设置安全选项，将设置后的对话框拷屏，以文件名 5-4-17.gif、5-4-18.gif 保存到考生文件夹。

表 5-4-7　设置安全选项策略

属性	值
登录时间用完时自动注销用户（本地）	已启用
登录时间过期就自动注销用户	已启用
对匿名连接的额外限制	没有显式匿名权限就无法访问
如果无法纪录安全审计则立即关闭系统	已启用
在关机时清理虚拟内存页面交换文件	已启用
在密码到期提示用户更改密码	5 天
只有本地登录的用户才可使用软盘	已启用
智能卡移除操作	强制注销

5.5　第 5 题

【操作要求】

1. **新建用户账号**：使用"Active Directory 用户和计算机"建立一个新用户，新用户账号需要定义的属性值如表 5-5-1 所示。输入表 5-5-1 所示属性值，将设置后的对话框拷屏，以文件名 5-5-1.gif、5-5-2.gif 保存到考生文件夹。

表 5-5-1　用户账号属性表

资料种类	值
姓	New
名	AccountUser
英文缩写	-Opr
用户登录名	NewAccountUser
密码	NewAccountUser
确认密码	NewAccountUser
密码选项	用户不能更改密码；密码永不过期

2. **限制帐户属性**：将用户 NewAccountUser-Opr 的登录时间限制为允许星期一到星期五 8:00~18:00，将设置后的"登录时段"对话框拷屏，以文件名 5-5-3.gif 保存到考生文件夹；将用户登录工作站设置为允许 Account1，将设置后的"登录工作站"对话框拷屏，以文件名 5-5-4.gif 保存到考生文件夹；将"帐户过期"设置为"永不过期"，将设置后的"NewAccountUser-Opr 属性"对话框的"帐户"选项卡拷屏，以文件名 5-5-5.gif 保存到考生文件夹。

3. **指定所属组**：将用户 NewAccountUser-Opr 指定为 Domains users 和 Account Operators 组的成员，然后将设置的结果拷屏，以文件名 5-5-6.gif 保存到考生文件夹。

4. **设定登录环境**：输入表 5-5-2 所示需要设置的用户环境属性值，将设置后的对话框拷屏，以文件名 5-5-7.gif 保存到考生文件夹。

表 5-5-2　用户环境属性

属性	值
用户配置文件路径	\\WIN2K\netlogon
登录脚本名	NewAccountUser.bat
本地路径	e:\NewAccountUser

5. **限制拨入权限**：在"拨入"选项卡内给予用户 NewAccountUser-Opr "远程访问权限"的"允许访问"权限，"回拨选项"设置为"由呼叫方设置（仅路由和远程访问服务)，将设置后的"拨入"选项卡拷屏，以文件名 5-5-8.gif 保存到考生文件夹。

6. **设定安全属性**：在"安全"选项卡内将 NewAccountUser-Opr 帐户的权限设置为允许 Administrators 组完全控制，将设置后的对话框拷屏，以文件名 5-5-9.gif 保存到考生文件夹。

7. **新建用户组**：在"新建对象——组"对话框中建立一个新组，其属性如表 5-5-3 所示，将设置后的对话框拷屏，以文件名 5-5-10.gif 保存到考生文件夹。

表 5-5-3　用户组属性

属性	值
组名	NewGeneralDistributeGroup55
组作用域	通用
组类型	分布式

8. **为用户组添加成员**：将用户 NewAccountUser-Opr 加入到新建的用户组；将组 NewGeneralDistributeGroup55 加入到组 Account Operators 中。将设置后的对话框拷屏，分别以文件名 5-5-11.gif、5-5-12.gif 保存到考生文件夹。

9. **设置帐户原则**：按表 5-5-4 中的值设置密码策略、帐户锁定策略，将设置后的对话框拷屏，以文件名 5-5-13.gif、5-5-14.gif 保存到考生文件夹。

表 5-5-4　密码策略属性

属性	值
密码必须符合复杂性要求	已停用
密码长度最小值	6 个字符
密码最长存留期	60 天
密码最短存留期	5 天
强制密码历史	8 个记住的密码
为域中所有用户使用可还原的加密来储存密码	已启用
复位帐户锁定计数器	45 分钟以后
帐户锁定时间	45 分钟
帐户锁定阈值	3 次无效登录

10. **设置用户权利**：指派表 5-5-5 中所赋值的策略，将设置后的对话框拷屏，以文件名 5-5-15.gif 保存到考生文件夹。

表 5-5-5　设置用户权利指派

属性	值
备份文件和目录	Backup Operators
产生安全审核	Server Operators
创建永久共享对象	Administrators
关闭系统	Administrators
拒绝本地登录	Guests
在本地登录	Administrators

11. **设置审核策略**：按表 5-5-6 中的值设置审核策略，将设置后的对话框拷屏，以文件名 5-5-16.gif 保存到考生文件夹。

表 5-5-6　设置审核策略

属性	值
审核策略更改	成功，失败
审核登录事件	失败
审核对象访问	没有定义
审核过程追踪	没有定义
审核文件夹服务访问	没有定义
审核特权使用	失败

续表

属性	值
审核系统事件	失败
审核帐户登录事件	没有定义
审核帐户管理	失败

12. **设置安全选项**：按表 5-5-7 中的值设置安全选项，将设置后的对话框拷屏，以文件名 5-5-17.gif、5-5-18.gif 保存到考生文件夹。

表 5-5-7　设置安全选项策略

属性	值
登录时间用完就自动注销用户（本地）	已启用
登录时间过期就自动注销用户	已启用
无法记录安全审计则立即关闭系统	已启用
在关机时清理虚拟内存页面交换文件	已启用
在密码到期前提示用户修改密码	3 天
只有本地登录的用户才可使用软盘	已启用
智能卡移除操作	强制注销

5.6　第 6 题

【操作要求】

1. **新建用户账号**：使用"Active Directory 用户和计算机"建立一个新用户，新用户账号需要定义的属性值如表 5-6-1 所示。输入表 5-6-1 所示属性值，将设置后的对话框拷屏，以文件名 5-6-1.gif、5-6-2.gif 保存到考生文件夹。

表 5-6-1　用户账号属性表

资料种类	值
姓	New
名	PrintUser
英文缩写	-Opr
用户登录名	NewPrintUser
密码	NewPrintUser
确认密码	NewPrintUser
密码选项	密码永不过期

2. **限制帐户属性**：将用户 NewPrintUser-Opr 的登录时间限制为允许星期一到星期五的 21:00~7:00，将设置后的"登录时段"对话框拷屏，以文件名 5-6-3.gif 保存到考生文件夹；将用户登录工作站设置为允许所有计算机，将设置后的"登录工作站"对话框拷屏，以文件名 5-6-4.gif 保存到考生文件夹；将"帐户过期"设置为"在这之后"的"2003 年 1 月 27 日"，将设置后的"NewPrintUser-Opr 属性"对话框的"帐户"选项卡拷屏，以文件名 5-6-5.gif 保存到考生文件夹。

3. **指定所属组**：在"NewPrintUser-Opr 属性"对话框的"成员属于"选项卡内，将用户 NewPrintUser-Opr 指定为 Domains users 和 Print Operators 组的成员，然后将设置的结果拷屏（如图 5-6-6 所示），以文件名 5-6-6.gif 保存到考生文件夹。

4. **设定登录环境**：在"配置文件"选项卡内输入表 5-6-2 所示需要设置的用户环境属性值，将设置后的对话框拷屏，以文件名 5-6-7.gif 保存到考生文件夹。

表 5-6-2　用户环境属性

属性	值
用户配置文件路径	\\WIN2K\netlogon
登录脚本名	NewPrintUser.bat
本地路径	e:\Users

5. **限制拨入权限**：给予用户 NewPrintUser-Opr "远程访问权限"的"允许访问"权限，"回拨选项"设置为"不回拨"，将设置后的"拨入"选项卡拷屏，以文件名 5-6-8.gif 保存到考生文件夹。

6. **设定安全属性**：将 NewPrintUser-Opr 帐户的权限设置为允许 users 组重设密码和更改密码，将设置后的对话框拷屏，以文件名 5-6-9.gif 保存到考生文件夹。

7. **新建用户组**：建立一个新组，其属性如表 5-6-3 所示，将设置后的对话框拷屏，以文件名 5-6-10.gif 保存到考生文件夹。

表 5-6-3　用户组属性

属性	值
组名	NewGlobleSecrityGroup56
组作用域	全局
组类型	安全式

8. **为用户组添加成员**：将用户 NewPrintUser-Opr 加入到新建的用户组；将组 NewGlobleSecurityGroup56 加入到组 Print Operators 中。将设置后的对话框拷屏，分别以文件名 5-6-11.gif、5-6-12.gif 保存到考生文件夹。

9. **设置帐户原则**：按表 5-6-4 中的值设置密码策略、帐户锁定策略，将设置后的对话框拷屏，以文件名 5-6-13.gif、5-6-14.gif 保存到考生文件夹。

表 5-6-4　密码策略属性

属性	值
密码必须符合复杂性要求	已启用
密码长度最小值	6 个字符
密码最长存留期	30 天
密码最短存留期	1 天
强制密码历史	5 个记住的密码
为域中所有用户使用可还原的加密来储存密码	已启用
复位帐户锁定计数器	60 分钟以后
帐户锁定时间	60 分钟
帐户锁定阈值	3 次无效登录

10. **设置用户权利**：指派表 5-6-5 中所赋值的策略，将设置后的对话框拷屏，以文件名 5-6-15.gif 保存到考生文件夹。

表 5-6-5　设置用户权利指派

属性	值
备份文件和目录	Backup Operators
产生安全审核	Server Operators
创建永久共享对象	Administrators
关闭系统	Administrators
拒绝本地登录	Guests
跳过遍历检查	Everyone
在本地登录	Administrators
作为服务登录	SERVICE

11. **设置审核策略**：按表 5-6-6 中的值设置审核策略，将设置后的对话框拷屏，以文件名 5-6-16.gif 保存到考生文件夹。

表 5-6-6　设置审核策略

属性	值
审核策略更改	成功，失败
审核登录事件	失败
审核对象访问	没有定义
审核过程追踪	没有定义
审核文件夹服务访问	没有定义

续表

属性	值
审核特权使用	失败
审核系统事件	失败
审核帐户登录事件	失败
审核帐户管理	失败

12. **设置安全选项**：按表 5-6-7 中的值设置安全选项，将设置后的对话框拷屏，以文件名 5-6-17.gif、5-6-18.gif 保存到考生文件夹。

表 5-6-7　设置安全选项策略

属性	值
登录时间用完就自动注销用户（本地）	已启用
登录时间过期就自动注销用户	已停用
如果无法记录安全审计则立即关闭系统	已启用
在关机时清理虚拟内存页面交换文件	已停用
在密码到期前提示用户更改密码	3 天
只有本地登录的用户才可使用软盘	已启用
智能卡移除操作	强制注销

5.7　第 7 题

【操作要求】

1. **新建用户账号**：使用"Active Directory 用户和计算机"建立一个新用户，新用户账号需要定义的属性值如表 5-7-1 所示。输入表 5-7-1 所示属性值，将设置后的对话框拷屏，以文件名 5-7-1.gif、5-7-2.gif 保存到考生文件夹。

表 5-7-1　用户账号属性表

资料种类	值
姓	New
名	AccessUser
英文缩写	-Pre
用户登录名	NewAccessUser
密码	NewAccessUser
确认密码	NewAccessUser
密码选项	用户下次登录时须更改密码

2. **限制帐户属性**：将用户 NewAccessUser-Pre 的登录时间限制为允许星期一到星期五 7:00~20:00，将设置后的"登录时段"对话框拷屏，以文件名 5-7-3.gif 保存到考生文件夹；将用户登录工作站设置为允许 Old01 到 Old05，将设置后的"登录工作站"对话框拷屏，以文件名 5-7-4.gif 保存到考生文件夹；将"帐户过期"设置为"在这之后"的"2003 年 2 月 11 日"，将设置后的"NewAccessUser-Pre 属性"对话框的"帐户"选项卡拷屏，以文件名 5-7-5.gif 保存到考生文件夹。

3. **指定所属组**：将用户 NewAccessUser-Pre 指定为 Domain users 和 Pre-Windows 2000 Compatible Access 组的成员，然后将设置的结果拷屏，以文件名 5-7-6.gif 保存到考生文件夹。

4. **设定登录环境**：输入表 5-7-2 所示需要设置的用户环境属性值，将设置后的对话框拷屏，以文件名 5-7-7.gif 保存到考生文件夹。

表 5-7-2　用户环境属性

属性	值
用户配置文件路径	\\WIN2K\netlogon
登录脚本名	NewAccessUser.bat
本地路径	e:\ NewAccessUser

5. **限制拨入权限**：给予用户 NewAccessUser-Pre "远程访问权限"的"允许访问"权限，"回拨选项"设置为"不回拨"，将设置后的"拨入"选项卡拷屏，以文件名 5-7-8.gif 保存到考生文件夹。

6. **设定安全属性**：将 NewAccessUser-Pre 帐户的权限设置为允许 Administrators 组完全控制，将设置后的对话框拷屏，以文件名 5-7-9.gif 保存到考生文件夹。

7. **新建用户组**：建立一个新组，其属性如表 5-7-3 所示，将设置后的对话框拷屏，以文件名 5-7-10.gif 保存到考生文件夹。

表 5-7-3　用户组属性

属性	值
组名	NewGlobleDistributeGroup57
组作用域	全局
组类型	分布式

8. **为用户组添加成员**：将用户 NewAccessUser-Prc 加入到新建的用户组；将组 NewGlobleDistributeGroup57 加入到组 Pre-Windows2000 Compatible Access 中。将设置后的对话框拷屏，分别以文件名 5-7-11.gif、5-7-12.gif 保存到考生文件夹。

9. **设置帐户原则**：按表 5-7-4 中的值设置密码策略、帐户锁定策略，将设置后的对话框拷屏，以文件名 5-7-13.gif、5-7-14.gif 保存到考生文件夹。

表 5-7-4　密码策略属性

属性	值
密码必须符合复杂性要求	已停用
密码长度最小值	6 个字符
密码最长存留期	30 天
密码最短存留期	1 天
强制密码历史	3 个记住的密码
为域中所有用户使用可还原的加密来储存密码	已启用
复位帐户锁定计数器	60 分钟以后
帐户锁定时间	90 分钟
帐户锁定阈值	3 次无效登录

10. **设置用户权利**：指派表 5-7-5 中所赋值的策略，将设置后的对话框拷屏，以文件名 5-7-15.gif 保存到考生文件夹。

表 5-7-5　设置用户权利指派

属性	值
备份文件和目录	Backup Operators
产生安全审核	Server Operators
创建永久共享对象	Administrators
关闭系统	Administrators
拒绝本地登录	Guests
拒绝作为服务登录	Users, Guests
跳过遍历检查	Everyone
在本地登录	Administrators
作为服务登录	SERVICE

11. **设置审核策略**：按表 5-7-6 中的值设置审核策略，将设置后的对话框拷屏，以文件名 5-7-16.gif 保存到考生文件夹。

表 5-7-6　设置审核策略

属性	值
审核策略更改	成功，失败
审核登录事件	失败
审核对象访问	没有定义
审核过程追踪	没有定义

续表

属性	值
审核文件夹服务访问	失败
审核特权使用	失败
审核系统事件	失败
审核帐户登录事件	失败
审核帐户管理	失败

12. **设置安全选项**：按表 5-7-7 中的值设置安全选项，将设置后的对话框拷屏，以文件名 5-7-17.gif、5-7-18.gif 保存到考生文件夹。

表 5-7-7　设置安全选项策略

属性	值
登录时间用完就自动注销用户（本地）	已停用
登录时间过期就自动注销用户	已停用
如果无法记录安全审计则立即关闭系统	已停用
在关机时清理虚拟内存页面交换文件	已停用
在密码到期提示用户更改密码	3 天
只有本地登录的用户才可使用软盘	已启用
智能卡移除操作	强制注销

5.8 第 8 题

【操作要求】

1. **新建用户账号**：使用"Active Directory 用户和计算机"建立一个新用户，新用户账号需要定义的属性值如表 5-8-1 所示。输入表 5-8-1 所示属性值，将设置后的对话框拷屏，以文件名 5-8-1.gif、5-8-2.gif 保存到考生文件夹。

表 5-8-1　用户账号属性表

资料种类	值
姓	New
名	ComputerUser
英文缩写	-Dom
用户登录名	NewComputerUser
密码	NewComputerUser
确认密码	NewComputerUser
密码选项	用户不能更改密码

2. **限制帐户属性**：将用户 NewComputerUser-Dom 的登录时间限制为允许星期一全天，将设置后的"登录时段"对话框拷屏，以文件名 5-8-3.gif 保存到考生文件夹；将用户登录工作站设置为允许 WIN2K01，将设置后的"登录工作站"对话框拷屏，以文件名 5-8-4.gif 保存到考生文件夹；将"帐户过期"设置为"在这之后"的"2003年 2 月 27 日"，将设置后的"NewComputerUser-Dom 属性"对话框的"帐户"选项卡拷屏，以文件名 5-8-5.gif 保存到考生文件夹。

3. **指定所属组**：将用户 NewComputerUser-Dom 指定为 Domain users 和 Domain Computer 组的成员，然后将设置的结果拷屏，以文件名 5-8-6.gif 保存到考生文件夹。

4. **设定登录环境**：输入表 5-8-2 所示需要设置的用户环境属性值，将设置后的对话框拷屏，以文件名 5-8-7.gif 保存到考生文件夹。

表 5-8-2　用户环境属性

属性	值
用户配置文件路径	\\WIN2K\netlogon
登录脚本名	NewComputerUser.bat
本地路径	e:\ NewComputerUser

5. **限制拨入权限**：给予用户 NewComputerUser-Dom "远程访问权限"的"拒绝访问"权限，"回拨选项"设置为"不回拨"，将设置后的"拨入"选项卡拷屏，以文件名 5-8-8.gif 保存到考生文件夹。

6. **设定安全属性**：将 NewComputerUser-Dom 帐户的权限设置为允许 Administrators 组完全控制，将设置后的对话框拷屏，以文件名 5-8-9.gif 保存到考生文件夹。

7. **新建用户组**：建立一个新组，其属性如表 5-8-3 所示，将设置后的对话框拷屏，以文件名 5-8-10.gif 保存到考生文件夹。

表 5-8-3　用户组属性

属性	值
组名	NewGeneralDistributeGroup58
组作用域	通用
组类型	分布式

8. **为用户组添加成员**：将用户 NewComputerUser-Dom 加入到新建的用户组；将组 NewGeneralDistributeGroup58 加入到组 users 中。将设置后的对话框拷屏，分别以 文件名 5-8-11.gif、5-8-12.gif 保存到考生文件夹。

9. **设置帐户原则**：按表 5-8-4 中的值设置密码策略、帐户锁定策略，将设置后的对话 框拷屏，以文件名 5-8-13.gif、5-8-14.gif 保存到考生文件夹。

表 5-8-4　密码策略属性

属性	值
密码必须符合复杂性要求	已停用
密码长度最小值	8 个字符
密码最长存留期	45 天
密码最短存留期	3 天
强制密码历史	5 个记住的密码
为域中所有用户使用可还原的加密来储存密码	已启用
复位帐户锁定计数器	60 分钟以后
帐户锁定时间	90 分钟
帐户锁定阈值	5 次无效登录

10. **设置用户权利**：指派表 5-8-5 中所赋值的策略，将设置后的对话框拷屏，以文件 名 5-8-15.gif 保存到考生文件夹。

表 5-8-5　设置用户权利指派

属性	值
备份文件和目录	Backup Operators
产生安全审核	Server Operators
创建永久共享对象	Administrators
关闭系统	Administrators
拒绝本地登录	Guests
拒绝作为服务登录	Users, Guests
跳过遍历检查	Everyone
在本地登录	Administrators
作为服务登录	

11. **设置审核策略**：按表 5-8-6 中的值设置审核策略，将设置后的对话框拷屏，以文件 名 5-8-16.gif 保存到考生文件夹。

表 5-8-6　设置审核策略

属性	值
审核策略更改	成功，失败
审核登录事件	失败
审核对象访问	没有定义
审核过程追踪	失败
审核文件夹服务访问	失败

续表

属性	值
审核特权使用	失败
审核系统事件	失败
审核帐户登录事件	失败
审核帐户管理	失败

11. **设置安全选项**：按表 5-8-7 中的值设置安全选项，将设置后的对话框拷屏，以文件名 5-8-17.gif、5-8-18.gif 保存到考生文件夹。

表 5-8-7   设置安全选项策略

属性	值
登录时间用完就自动注销用户（本地）	已启用
对匿名连接的额外限制	无，依赖于默认许可权限
如果无法记录安全审计则立即关闭系统	已停用
允许在未登录前关机	已启用
在密码到期前提示用户更改密码	3 天
只有本地登录的用户才可使用软盘	已启用
智能卡移除操作	强制注销

5.9 第 9 题

【操作要求】

1. **新建用户账号**：使用"Active Directory 用户和计算机"建立一个新用户，新用户账号需要定义的属性值如表 5-9-1 所示。输入表 5-9-1 所示属性值，将设置后的对话框拷屏，以文件名 5-9-1.gif、5-9-2.gif 保存到考生文件夹。

表 5-9-1　用户账号属性表

资料种类	值
姓	New
名	ControllerUser
英文缩写	-Dom
用户登录名	NewControllerUser
密码	NewControllerUser
确认密码	NewControllerUser
密码选项	密码永不过期

2. **限制帐户属性**：将用户 NewControllerUser-Dom 的登录时间限制为允许每天 12:00~14:00，将设置后的"登录时段"对话框拷屏，以文件名 5-9-3.gif 保存到考生文件夹；将用户登录工作站设置为允许 WIN2K02，将设置后的"登录工作站"对话框拷屏，以文件名 5-9-4.gif 保存到考生文件夹；将"帐户过期"设置为"永不过期"，将设置后的"NewControllerUser-Dom 属性"对话框的"帐户"选项卡拷屏，以文件名 5-9-5.gif 保存到考生文件夹。

3. **指定所属组**：将用户 NewControllerUser-Dom 指定为 Domain users 和 Domain Controllers 组的成员，然后将设置的结果拷屏，以文件名 5-9-6.gif 保存到考生文件夹。

4. **设定登录环境**：输入表 5-9-2 所示需要设置的用户环境属性值，将设置后的对话框拷屏，以文件名 5-9-7.gif 保存到考生文件夹。

表 5-9-2　用户环境属性

属性	值
用户配置文件路径	\\WIN2K\netlogon
登录脚本名	NewControllerUser.bat
本地路径	e:\ NewControllerUser

5. **限制拨入权限**：给予用户 NewControllerUser-Dom "远程访问权限"的"允许访问"权限，"回拨选项"设置为"由呼叫方设置（仅路由和远程访问服务）"，将设置后的"拨入"选项卡拷屏，以文件名 5-9-8.gif 保存到考生文件夹。

6. **设定安全属性**：将 NewControllerUser-Dom 帐户的权限设置为允许 Administrators 组完全控制，将设置后的对话框拷屏，以文件名 5-9-9.gif 保存到考生文件夹。

7. **新建用户组**：建立一个新组，其属性如表 5-9-3 所示，将设置后的对话框拷屏，以文件名 5-9-10.gif 保存到考生文件夹。

表 5-9-3　用户组属性

属性	值
组名	NewGlobleUserGroup59
组作用域	全局
组类型	安全式

8. **为用户组添加成员**：将用户 NewControllerUser-Dom 加入到新建的用户组；将组 NewGlobleUserGroup59 加入到组 Server Operators 中。将设置后的对话框拷屏，分别以文件名 5-9-11.gif、5-9-12.gif 保存到考生文件夹。

9. **设置帐户原则**：按表 5-9-4 中的值设置密码策略、帐户锁定策略，将设置后的对话框拷屏，以文件名 5-9-13.gif、5-9-14.gif 保存到考生文件夹。

表 5-9-4　密码策略属性

属性	值
密码必须符合复杂性要求	已停用
密码长度最小值	8 个字符
密码最长存留期	45 天
密码最短存留期	5 天
强制密码历史	5 个记住的密码
为域中所有用户使用可还原的加密来储存密码	已启用
复位帐户锁定计数器	60 分钟以后
帐户锁定时间	60 分钟
帐户锁定阈值	5 次无效登录

10. **设置用户权利**：指派表 5-9-5 中所赋值的策略，将设置后的对话框拷屏，以文件名 5-9-15.gif 保存到考生文件夹。

表 5-9-5　设置用户权利指派

属性	值
备份文件和目录	Backup Operators
产生安全审核	Server Operators
创建永久共享对象	Administrators
关闭系统	Administrators
拒绝本地登录	Guests
拒绝作为服务登录	Guests, Users
跳过遍历检查	Everyone
在本地登录	Administrators,Backup Operators
作为服务登录	

11. **设置审核策略**：按表 5-9-6 中的值设置审核策略，将设置后的对话框拷屏，以文件名 5-9-16.gif 保存到考生文件夹。

表 5-9-6　设置审核策略

属性	值
审核策略更改	成功，失败
审核登录事件	失败
审核对象访问	失败
审核过程追踪	失败
审核文件夹服务访问	失败

续表

属性	值
审核特权使用	失败
审核系统事件	失败
审核帐户登录事件	失败
审核帐户管理	失败

12. **设置安全选项**：按表5-9-7中的值设置安全选项，将设置后的对话框拷屏，以文件名5-9-17.gif、5-9-18.gif保存到考生文件夹。

表5-9-7　设置安全选项策略

属性	值
登录时间用完就自动注销用户（本地）	已启用
登录时间过期就自动注销用户	已启用
对匿名连接的额外限制	无，依赖于默认许可权限
如果无法记录安全审计则立即关闭系统	已停用
在密码到期前提示用户更改密码	3天
只有本地登录的用户才可使用软盘	已启用
智能卡移除操作	强制注销

5.10 第 10 题

【操作要求】

1. **新建用户账号**：使用"Active Directory 用户和计算机"建立一个新用户，新用户账号需要定义的属性值如表 5-10-1 所示。输入表 5-10-1 所示属性值，将设置后的对话框拷屏，以文件名 5-10-1.gif、5-10-2.gif 保存到考生文件夹。

表 5-10-1 用户账号属性表

资料种类	值
姓	New
名	SchermaUser
英文缩写	-Adm
用户登录名	NewSchermaUser
密码	NewSchermaUser
确认密码	NewSchermaUser
密码选项	密码永不过期

2. **限制帐户属性**：将用户 NewSchermaUser-Adm 的登录时间限制为允许星期一、星期三、星期五的 8:00~18:00，将设置后的"登录时段"对话框拷屏，以文件名 5-10-3.gif 保存到考生文件夹；将用户登录工作站设置为允许 WorkStation1，将设置后的"登录工作站"对话框拷屏，以文件名 5-10-4.gif 保存到考生文件夹；将"帐户过期"设置为"在这之后"的"2003 年 3 月 27 日"，将设置后的"NewSchermaUser-Adm 属性"对话框的"帐户"选项卡拷屏，以文件名 5-10-5.gif 保存到考生文件夹。

3. **指定所属组**：将用户 NewSchermaUser-Adm 指定为 Domain users 和 Schema Admins 组的成员，然后将设置的结果拷屏，以文件名 5-10-6.gif 保存到考生文件夹。

4. **设定登录环境**：输入表 5-10-2 所示需要设置的用户环境属性值，将设置后的对话框拷屏，以文件名 5-10-7.gif 保存到考生文件夹。

表 5-10-2 用户环境属性

属性	值
用户配置文件路径	\\WIN2K\netlogon
登录脚本名	NewSchermaUser.bat
本地路径	e:\ NewSchermaUser

5. **限制拨入权限**：给予用户 NewSchermaUser-Adm "远程访问权限"的"允许访问"权限，"回拨选项"设置为"不回拨"，将设置后的"拨入"选项卡拷屏，以文件名 5-10-8.gif 保存到考生文件夹。

6. **设定安全属性**：将 NewSchermaUser-Adm 帐户的权限设置为允许 Administrators 组完全控制，将设置后的对话框拷屏，以文件名 5-10-9.gif 保存到考生文件夹。

7. **新建用户组**：建立一个新组，其属性如表 5-10-3 所示，将设置后的对话框拷屏，以文件名 5-10-10.gif 保存到考生文件夹。

表 5-10-3　用户组属性

属性	值
组名	NewSecurityGroup510
组作用域	全局
组类型	安全式

8. **为用户组添加成员**：将用户 NewSchermaUser-Adm 加入到新建的用户组；将组 NewSecurityGroup510 加入到组 Replicator 中。将设置后的对话框拷屏，分别以文件名 5-10-11.gif、5-10-12.gif 保存到考生文件夹。

9. **设置帐户原则**：按表 5-10-4 中的值设置密码策略、帐户锁定策略，将设置后的对话框拷屏，以文件名 5-10-13.gif、5-10-14.gif 保存到考生文件夹。

表 5-10-4　密码策略属性

属性	值
密码必须符合复杂性要求	已停用
密码长度最小值	8 个字符
密码最长存留期	60 天
密码最短存留期	5 天
强制密码历史	5 个记住的密码
为域中所有用户使用可还原的加密来储存密码	已启用
复位帐户锁定计数器	90 分钟以后
帐户锁定时间	90 分钟
帐户锁定阈值	6 次无效登录

10. **设置用户权利**：指派表 5-10-5 中所赋值的策略，将设置后的对话框拷屏，以文件名 5-10-15.gif 保存到考生文件夹。

表 5-10-5　设置用户权利指派

属性	值
备份文件和目录	Backup Operators
产生安全审核	Server Operators
创建永久共享对象	Administrators
关闭系统	Administrators
拒绝本地登录	Guests
拒绝作为服务登录	Guests, Users
在本地登录	Administrators, Backup Operators
作为服务登录	

11. **设置审核策略**：按表 5-10-6 中的值设置审核策略，将设置后的对话框拷屏，以文件名 5-10-16.gif 保存到考生文件夹。

表 5-10-6　设置审核策略

属性	值
审核策略更改	成功，失败
审核登录事件	成功，失败
审核对象访问	失败
审核过程追踪	失败
审核文件夹服务访问	失败
审核特权使用	失败

续表

属性	值
审核系统事件	失败
审核帐户登录事件	失败
审核帐户管理	失败

12. **设置安全选项**：按表 5-10-7 中的值设置安全选项，将设置后的对话框拷屏，以文件名 5-10-17.gif、5-10-18.gif 保存到考生文件夹。

表 5-10-7　设置安全选项策略

属性	值
登录时间用完就自动注销用户（本地）	已启用
登录时间过期就自动注销用户	已启用
防止计算机帐户密码的系统维护	已启用
如果无法记录安全审计则立即关闭系统	已启用
允许在未登录前关机	已启用
在密码到期前提示用户更改密码	3 天
只有本地登录的用户才可使用软盘	已启用
智能卡移除操作	强制注销

5.11 第 11 题

【操作要求】

1. **新建用户账号**：使用"Active Directory 用户和计算机"建立一个新用户，新用户账号需要定义的属性值如表 5-11-1 所示。输入表 5-11-1 所示属性值，将设置后的对话框拷屏，以文件名 5-11-1.gif、5-11-2.gif 保存到考生文件夹。

表 5-11-1　用户账号属性表

资料种类	值
姓	New
名	EnterpriseUser
英文缩写	-Adm
用户登录名	NewEnterpriseUser
密码	NewEnterpriseUser
确认密码	NewEnterpriseUser
密码选项	用户下次登录时须更改密码

2. **限制帐户属性**：将用户 NewEnterpriseUser-Adm 的登录时间限制为允许所有时间，将设置后的"登录时段"对话框拷屏，以文件名 5-11-3.gif 保存到考生文件夹；将用户登录工作站设置为允许所有计算机，将设置后的"登录工作站"对话框拷屏，以文件名 5-11-4.gif 保存到考生文件夹；将"帐户过期"设置为"永不过期"，将设置后的对话框的"帐户"选项卡拷屏，以文件名 5-11-5.gif 保存到考生文件夹。

3. **指定所属组**：将用户 NewEnterpriseUser-Adm 指定为 Domain users 和 Enterprise Admins 组的成员，然后将设置的结果拷屏，以文件名 5-11-6.gif 保存到考生文件夹。

4. **设定登录环境**：输入表 5-11-2 所示需要设置的用户环境属性值，将设置后的对话框拷屏，以文件名 5-11-7.gif 保存到考生文件夹。

表 5-11-2　用户环境属性

属性	值
用户配置文件路径	\\WIN2K\netlogon
登录脚本名	NewEnterpriseUser.bat
本地路径	e:\NewEnterpriseUser

5. **限制拨入权限**：给予用户 NewEnterpriseUser-Adm "远程访问权限"的"允许访问"权限，"回拨选项"设置为"不回拨"，将设置后的"拨入"选项卡拷屏，以文件名 5-11-8.gif 保存到考生文件夹。

6. **设定安全属性**：将 NewEnterpriseUser-Adm 帐户的权限设置为允许 everyone 组读取权限，将设置后的对话框拷屏，以文件名 5-11-9.gif 保存到考生文件夹。

7. **新建用户组**：建立一个新组，其属性如表 5-11-3 所示，将设置后的对话框拷屏，以文件名 5-11-10.gif 保存到考生文件夹。

表 5-11-3　用户组属性

属性	值
组名	NewDistributeGroup511
组作用域	全局
组类型	分布式

8. **为用户组添加成员**：将用户 NewEnterpriseUser-Adm 加入到新建的用户组；将组 NewDistributeGroup511 加入到组 Backup Operators 中。将设置后的对话框拷屏，分别以文件名 5-11-11.gif、5-11-12.gif 保存到考生文件夹。

9. **设置帐户原则**：按表 5-11-4 中的值设置密码策略、帐户锁定策略，将设置后的对话框拷屏，以文件名 5-11-13.gif、5-11-14.gif 保存到考生文件夹。

表 5-11-4　密码策略属性

属性	值
密码必须符合复杂性要求	已停用
密码长度最小值	6 个字符
密码最长存留期	60 天
密码最短存留期	5 天
强制密码历史	5 个记住的密码
为域中所有用户使用可还原的加密来储存密码	已启用
复位帐户锁定计数器	90 分钟以后
帐户锁定时间	90 分钟
帐户锁定阈值	3 次无效登录

10. **设置用户权利**：指派表 5-11-5 中所赋值的策略，将设置后的对话框拷屏，以文件名 5-11-15.gif 保存到考生文件夹。

表 5-11-5　设置用户权利指派

属性	值
备份文件和目录	Backup Operators
产生安全审核	Server Operators
创建永久共享对象	Administrators
关闭系统	Administrators
拒绝本地登录	Guests
拒绝作为服务登录	everyone
在本地登录	Administrators,Backup Operators
作为服务登录	

11. **设置审核策略**：按表 5-11-6 中的值设置审核策略，将设置后的对话框拷屏，以文件名 5-11-16.gif 保存到考生文件夹。

表 5-11-6　设置审核策略

属性	值
审核策略更改	成功，失败
审核登录事件	成功，失败
审核对象访问	失败
审核过程追踪	失败
审核文件夹服务访问	失败
审核特权使用	失败

续表

属性	值
审核系统事件	成功，失败
审核帐户登录事件	失败
审核帐户管理	失败

12. **设置安全选项**：按表 5-11-7 中的值设置安全选项，将设置后的对话框拷屏，以文件名 5-11-17.gif、5-11-18.gif 保存到考生文件夹。

表 5-11-7　设置安全选项策略

属性	值
登录时间用完就自动注销用户（本地）	已启用
登录时间过期就自动注销用户	已启用
防止计算机帐户密码的系统维护	已启用
故障恢复控制台：允许对所有驱动器和文件夹进行软盘复制和访问	已停用
故障恢复控制台：允许自动系统管理级登录	已启用
允许在登录前关机	已启用
在密码到期前提示用户更改密码	6 天
只有本地登录的用户才可使用软盘	已启用

5.12　第 12 题

【操作要求】

1. **新建用户账号**：使用"Active Directory 用户和计算机"建立一个新用户，新用户账号需要定义的属性值如表 5-12-1 所示。输入表 5-12-1 所示属性值，将设置后的对话框拷屏，以文件名 5-12-1.gif、5-12-2.gif 保存到考生文件夹。

表 5-12-1　用户账号属性表

资料种类	值
姓	New
名	CertUser
英文缩写	-Pub
用户登录名	NewCertUser
密码	NewCertUser
确认密码	NewCertUser
密码选项	用户不能更改密码；密码永不过期

2. **限制帐户属性**：将用户 NewCertUser-Pub 的登录时间限制为允许星期六的 8:00~17:00，将设置后的"登录时段"对话框拷屏，以文件名 5-12-3.gif 保存到考生文件夹；将用户登录工作站设置为允许 WIN2K01，将设置后的"登录工作站"对话框拷屏，以文件名 5-12-4.gif 保存到考生文件夹；将"帐户过期"设置为"在这之后"的"2003 年 2 月 27 日"，将设置后的"NewCertUser-Pub 属性"对话框的"帐户"选项卡拷屏，以文件名 5-12-5.gif 保存到考生文件夹。

3. **指定所属组**：将用户 NewCertUser-Pub 指定为 Domain users 和 Cert Publishers 组的成员，然后将设置的结果拷屏，以文件名 5-12-6.gif 保存到考生文件夹。

4. **设定登录环境**：输入表 5-12-2 所示需要设置的用户环境属性值，将设置后的对话框拷屏，以文件名 5-12-7.gif 保存到考生文件夹。

表 5-12-2　用户环境属性

属性	值
用户配置文件路径	\\WIN2K\netlogon
登录脚本名	NewCertUser.bat
本地路径	e:\NewCertUser

5. **限制拨入权限**：给予用户 NewCertUser-Pub "远程访问权限"的"拒绝访问"权限，"回拨选项"设置为"不回拨"，将设置后的"拨入"选项卡拷屏，以文件名 5-12-8.gif 保存到考生文件夹。

6. **设定安全属性**：将 NewCertUser-Pub 帐户的权限设置为允许 Administrators 组完全控制，将设置后的对话框拷屏，以文件名 5-12-9.gif 保存到考生文件夹。

7. **新建用户组**：建立一个新组，其属性如表 5-12-3 所示，将设置后的对话框拷屏，以文件名 5-12-10.gif 保存到考生文件夹。

表 5-12-3 用户组属性

属性	值
组名	NewDistributeGroup512
组作用域	通用
组类型	分布式

8. **为用户组添加成员**：将用户 NewCertUser-Pub 加入到新建的用户组；将组 NewDistributeGroup512 加入到组 Administrators 中。将设置后的对话框拷屏，分别以文件名 5-12-11.gif、5-12-12.gif 保存到考生文件夹。

9. **设置帐户原则**：按表 5-12-4 中的值设置密码策略、帐户锁定策略，将设置后的对话框拷屏，以文件名 5-12-13.gif、5-12-14.gif 保存到考生文件夹。

表 5-12-4 密码策略属性

属性	值
密码必须符合复杂性要求	已停用
密码长度最小值	6 个字符
密码最长存留期	60 天
密码最短存留期	5 天
强制密码历史	5 个记住的密码
为域中所有用户使用可还原的加密来储存密码	没有定义
复位帐户锁定计数器	60 分钟以后
帐户锁定时间	90 分钟
帐户锁定阈值	3 次无效登录

10. **设置用户权利**：指派表 5-12-5 中所赋值的策略，将设置后的对话框拷屏，以文件名 5-12-15.gif 保存到考生文件夹。

表 5-12-5 设置用户权利指派

属性	值
备份文件和目录	Backup Operators
产生安全审核	Server Operators
创建永久共享对象	Administrators
关闭系统	Administrators
在本地登录	Administrators,Backup Operators
作为服务登录	

11. **设置审核策略**：按表 5-12-6 中的值设置审核策略，将设置后的对话框拷屏，以文件名 5-12-16.gif 保存到考生文件夹。

表 5-12-6 设置审核策略

属性	值
审核策略更改	成功，失败
审核登录事件	失败
审核对象访问	失败
审核过程追踪	失败
审核文件夹服务访问	失败
审核特权使用	失败
审核系统事件	成功，失败

续表

属性	值
审核帐户登录事件	成功，失败
审核帐户管理	失败

12. **设置安全选项**：按表 5-12-7 中的值设置安全选项，将设置后的对话框拷屏，以文件名 5-12-17.gif、5-12-18.gif 保存到考生文件夹。

表 5-12-7　设置安全选项策略

属性	值
登录时间用完自动注销用户	已启用
登录时间过期就自动注销用户	已启用
防止计算机帐户密码的系统维护	已启用
防止用户安装打印机	已启用
故障恢复控制台：允许对所有驱动器和文件夹进行软盘复制和访问	已停用
故障恢复控制台：允许自动系统管理登录	已启用
允许在未登录前关机	已启用
在密码到期前提示用户更改密码	6 天
只有本地登录的用户才可使用软盘	已启用

5.13 第 13 题

【操作要求】

1. **新建用户账号**：使用"Active Directory 用户和计算机"建立一个新用户，新用户账号需要定义的属性值如表 5-13-1 所示。输入表 5-13-1 所示属性值，将设置后的对话框拷屏，以文件名 5-13-1.gif、5-13-2.gif 保存到考生文件夹。

表 5-13-1　用户账号属性表

资料种类	值
姓	New
名	DomainUser
英文缩写	-Adm
用户登录名	NewDomainUser
密码	NewDomainUser
确认密码	NewDomainUser
密码选项	用户下次登录时须更改密码

2. **限制帐户属性**：将用户 NewDomainUser-Adm 的登录时间限制为允许每天 8:00~18:00，将设置后的"登录时段"对话框拷屏，以文件名 5-13-3.gif 保存到考生文件夹；将用户登录工作站设置为允许 WIN2K02，将设置后的"登录工作站"对话框拷屏，以文件名 5-13-4.gif 保存到考生文件夹；将"帐户过期"设置为"永不过期"，将设置后的"NewDomainUser-Adm 属性"对话框的"帐户"选项卡拷屏，以文件名 5-13-5.gif 保存到考生文件夹。

3. **指定所属组**：将用户 NewDomainUser-Adm 指定为 Domain users 和 Domain Admins 组的成员，然后将设置的结果拷屏，以文件名 5-13-6.gif 保存到考生文件夹。

4. **设定登录环境**：输入表 5-13-2 所示需要设置的用户环境属性值，将设置后的对话框拷屏，以文件名 5-13-7.gif 保存到考生文件夹。

表 5-13-2　用户环境属性

属性	值
用户配置文件路径	\\WIN2K\netlogon
登录脚本名	NewDomainUser.bat
本地路径	e:\NewDomainUser

5. **限制拨入权限**：给予用户 NewDomainUser-Adm "远程访问权限"的"允许访问"权限，"回拨选项"设置为"总是回拨到：010-69731994"，将设置后的"拨入"选项卡拷屏，以文件名 5-13-8.gif 保存到考生文件夹。

6. **设定安全属性**：将 NewDomainUser-Adm 帐户的权限设置为允许 Everyone 组读取权限，将设置后的对话框拷屏，以文件名 5-13-9.gif 保存到考生文件夹。

7. **新建用户组**：建立一个新组，其属性如表 5-13-3 所示，将设置后的对话框拷屏，以文件名 5-13-10.gif 保存到考生文件夹。

表 5-13-3 用户组属性

属性	值
组名	NewGlobleGroup513
组作用域	全局
组类型	安全式

8. **为用户组添加成员**：将用户 NewDomainUser-Adm 加入到新建的用户组；将组 NewGlobleGroup513 加入到组 Guests 中。将设置后的对话框拷屏，分别以文件名 5-13-11.gif、5-13-12.gif 保存到考生文件夹。

9. **设置帐户原则**：按表 5-13-4 中的值设置密码策略、帐户锁定策略，将设置后的对话框拷屏，以文件名 5-13-13.gif、5-13-14.gif 保存到考生文件夹。

表 5-13-4 密码策略属性

属性	值
密码必须符合复杂性要求	已启用
密码长度最小值	6 个字符
密码最长存留期	60 天
密码最短存留期	5 天
强制密码历史	5 个记住的密码
为域中所有用户使用可还原的加密来储存密码	没有定义
复位帐户锁定计数器	75 分钟以后
帐户锁定时间	90 分钟
帐户锁定阈值	5 次无效登录

10. **设置用户权利**：指派表 5-13-5 中所赋值的策略，将设置后的对话框拷屏，以文件名 5-13-15.gif 保存到考生文件夹。

表 5-13-5 设置用户权利指派

属性	值
备份文件和目录	Backup Operators
产生安全审核	SYSTEM, Administrators
创建永久共享对象	Administrators
关闭系统	Administrators
在本地登录	Administrators,Backup Operators
作为服务登录	

11. **设置审核策略**：按表 5-13-6 中的值设置审核策略，将设置后的对话框拷屏，以文件名 5-13-16.gif 保存到考生文件夹。

表 5-13-6 设置审核策略

属性	值
审核策略更改	成功，失败
审核登录事件	失败
审核对象访问	失败
审核过程追踪	失败
审核文件夹服务访问	失败
审核特权使用	失败
审核系统事件	成功，失败
审核帐户登录事件	失败
审核帐户管理	成功，失败

12. **设置安全选项**：按表 5-13-7 中的值设置安全选项，将设置后的对话框拷屏，以文件名 5-13-17.gif、5-13-18.gif 保存到考生文件夹。

表 5-13-7　设置安全选项策略

属性	值
登录时间用完自动注销用户	已启用
登录时间过期就自动注销用户	已启用
防止计算机帐户密码的系统维护	已停用
防止用户安装打印机	已启用
故障恢复控制台：允许对所有驱动器和文件夹进行软盘复制和访问	已停用
故障恢复控制台：允许自动系统管理登录	已启用
允许在未登录前关机	已启用
在密码到期前提示用户更改密码	6 天
只有本地登录的用户才可使用软盘	已停用
智能卡移除操作	强制注销

5.14　第 14 题

【操作要求】

1. **新建用户账号**：使用"Active Directory 用户和计算机"建立一个新用户，新用户账号需要定义的属性值如表 5-14-1 所示。输入表 5-14-1 所示属性值，将设置后的对话框拷屏，以文件名 5-14-1.gif、5-14-2.gif 保存到考生文件夹。

表 5-14-1　用户账号属性表

资料种类	值
姓	New
名	User
英文缩写	-Dom
用户登录名	NewUser
密码	NewUser
确认密码	NewUser
密码选项	用户下次登录时须更改密码

2. **限制帐户属性**：将用户 NewUser-Dom 的登录时间限制为允许星期一到星期五的 7:00~19:00，将设置后的"登录时段"对话框拷屏，以文件名 5-14-3.gif 保存到考生文件夹；将用户登录工作站设置为允许所有计算机，将设置后的"登录工作站"对话框拷屏，以文件名 5-14-4.gif 保存到考生文件夹；将"帐户过期"设置为"永不过期"，将设置后的"NewUser-Dom 属性"对话框的"帐户"选项卡拷屏，以文件名 5-14-5.gif 保存到考生文件夹。

3. **指定所属组**：将用户 NewUser-Dom 指定为 users 和 Domain Users 组的成员，然后将设置的结果拷屏，以文件名 5-14-6.gif 保存到考生文件夹。

4. **设定登录环境**：输入表 5-14-2 所示需要设置的用户环境属性值，将设置后的对话框拷屏，以文件名 5-14-7.gif 保存到考生文件夹。

表 5-14-2　用户环境属性

属性	值
用户配置文件路径	\\WIN2K\netlogon
登录脚本名	NewUser.bat
本地路径	e:\NewUser

5. **限制拨入权限**：给予用户 NewUser-Dom "远程访问权限"的"允许访问"权限，"回拨选项"设置为"不回拨"，将设置后的"拨入"选项卡拷屏，以文件名 5-14-8.gif 保存到考生文件夹。

6. **设定安全属性**：将 NewUser-Dom 帐户的权限设置为允许 Everyone 组读取权限，将设置后的对话框拷屏，以文件名 5-14-9.gif 保存到考生文件夹。

7. **新建用户组**：建立一个新组，其属性如表 5-14-3 所示，将设置后的对话框拷屏，以文件名 5-14-10.gif 保存到考生文件夹。

表 5-14-3 用户组属性

属性	值
组名	NewGeneralGroup514
组作用域	通用
组类型	分布式

8. **为用户组添加成员**：将用户 NewUser-Dom 加入到新建的用户组；将组 NewGeneralGroup514 加入到组 Administrators 中。将设置后的对话框拷屏，分别以文件名 5-14-11.gif、5-14-12.gif 保存到考生文件夹。

9. **设置帐户原则**：按表 5-14-4 中的值设置密码策略、帐户锁定策略，将设置后的对话框拷屏，以文件名 5-14-13.gif、5-14-14.gif 保存到考生文件夹。

表 5-14-4 密码策略属性

属性	值
密码必须符合复杂性要求	没有定义
密码长度最小值	6 个字符
密码最长存留期	60 天
密码最短存留期	5 天
强制密码历史	5 个记住的密码
为域中所有用户使用可还原的加密来储存密码	没有定义
复位帐户锁定计数器	75 分钟以后
帐户锁定时间	75 分钟
帐户锁定阈值	3 次无效登录

10. **设置用户权利**：指派表 5-14-5 中所赋值的策略，将设置后的对话框拷屏，以文件名 5-14-15.gif 保存到考生文件夹。

表 5-14-5 设置用户权利指派

属性	值
产生安全审核	Administrators
创建永久共享对象	Administrators
关闭系统	Administrators
在本地登录	Administrators,Backup Operators
作为服务登录	

11. **设置审核策略**：按表 5-14-6 中的值设置审核策略，将设置后的对话框拷屏，以文件名 5-14-16.gif 保存到考生文件夹。

表 5-14-6 设置审核策略

属性	值
审核策略更改	成功，失败
审核登录事件	失败
审核对象访问	失败
审核过程追踪	失败
审核文件夹服务访问	失败
审核特权使用	成功，失败
审核系统事件	失败
审核帐户登录事件	失败
审核帐户管理	成功，失败

12. **设置安全选项**：按表 5-14-7 中的值设置安全选项，将设置后的对话框拷屏，以文件名 5-14-17.gif、5-14-18.gif 保存到考生文件夹。

表 5-14-7　设置安全选项策略

属性	值
登录时间用完自动注销用户	已启用
登录时间过期就自动注销用户	已启用
防止计算机帐户密码的系统维护	已停用
防止用户安装打印机	已停用
故障恢复控制台：允许对所有驱动器和文件夹进行软盘复制和访问	已停用
故障恢复控制台：允许自动系统管理登录	已启用
允许在未登录前关机	已启用
在密码到期前提示用户更改密码	6 天
只有本地登录的用户才可使用软盘	已启用
智能卡移除操作	强制注销

5.15　第 15 题

【操作要求】

1. **新建用户账号**：使用"Active Directory 用户和计算机"建立一个新用户，新用户账号需要定义的属性值如表 5-15-1 所示。输入表 5-15-1 所示属性值，将设置后的对话框拷屏，以文件名 5-15-1.gif、5-15-2.gif 保存到考生文件夹。

表 5-15-1　用户账号属性表

资料种类	值
姓	New
名	GroupUser
英文缩写	-Pol
用户登录名	NewGroupUser
密码	NewGroupUser
确认密码	NewGroupUser
密码选项	用户不能更改密码

2. **限制帐户属性**：将用户 NewGroupUser-Pol 的登录时间限制为允许星期日全天，禁止所有其他时间，将设置后的"登录时段"对话框拷屏，以文件名 5-15-3.gif 保存到考生文件夹；将用户登录工作站设置为允许 WorkStation2、WorkStation3、WorkStation4、WorkStation5，将设置后的"登录工作站"对话框拷屏，以文件名 5-15-4.gif 保存到考生文件夹；将"帐户过期"设置为"永不过期"，将设置后的"New Group Vser-Pol 属性"对话框的"帐户"选项卡拷屏，以文件名 5-15-5.gif 保存到考生文件夹。

3. **指定所属组**：将用户 NewGroupUser-Pol 指定为 Domain users 和 Group Policy Creator Owners 组的成员，然后将设置的结果拷屏，以文件名 5-15-6.gif 保存到考生文件夹。

4. **设定登录环境**：输入表 5-15-2 所示需要设置的用户环境属性值，将设置后的对话框拷屏，以文件名 5-15-7.gif 保存到考生文件夹。

表 5-15-2　用户环境属性

属性	值
用户配置文件路径	\\WIN2K\netlogon
登录脚本名	WorkStation.bat
本地路径	e:\WorkStation

5. **限制拨入权限**：给予用户 NewGroupUser-Pol "远程访问权限"的"允许访问"权限，"回拨选项"设置为"总是回拨到：010-69732501"，将设置后的"拨入"选项卡拷屏，以文件名 5-15-8.gif 保存到考生文件夹。

6. **设定安全属性**：将 NewGroupUser-Pol 帐户的权限设置为允许 Administrators 组完全控制，将设置后的对话框拷屏，以文件名 5-15-9.gif 保存到考生文件夹。

7. **新建用户组**：建立一个新组，其属性如表 5-15-3 所示，将设置后的对话框拷屏，以文件名 5-15-10.gif 保存到考生文件夹。

表 5-15-3 用户组属性

属性	值
组名	NewGlobleGroup515
组作用域	全局
组类型	安全式

8. **为用户组添加成员**：将用户 NewGroupUser-Pol 加入到新建的用户组；将组 NewGlobleGroup515 加入到组 Account Operators 中。将设置后的对话框拷屏，分别以文件名 5-15-11.gif、5-15-12.gif 保存到考生文件夹。

9. **设置帐户原则**：按表 5-15-4 中的值设置密码策略、帐户锁定策略，将设置后的对话框拷屏，以文件名 5-15-13.gif、5-15-14.gif 保存到考生文件夹。

表 5-15-4 密码策略属性

属性	值
密码必须符合复杂性要求	没有定义
密码长度最小值	6 个字符
密码最长存留期	60 天
密码最短存留期	5 天
强制密码历史	没有定义
为域中所有用户使用可还原的加密来储存密码	没有定义
复位帐户锁定计数器	15 分钟以后
帐户锁定时间	15 分钟
帐户锁定阈值	1 次无效登录

10. **设置用户权利**：指派表 5-15-5 中所赋值的策略，将设置后的对话框拷屏，以文件名 5-15-15.gif 保存到考生文件夹。

表 5-15-5 设置用户权利指派

属性	值
产生安全审核	Administrators
创建永久共享对象	
关闭系统	Administrators
在本地登录	Administrators,Backup Operators
作为服务登录	

11. **设置审核策略**：按表 5-15-6 中的值设置审核策略，将设置后的对话框拷屏，以文件名 5-15-16.gif 保存到考生文件夹。

表 5-15-6 设置审核策略

属性	值
审核策略更改	成功，失败
审核登录事件	失败
审核对象访问	失败
审核过程追踪	成功，失败
审核文件夹服务访问	失败
审核特权使用	成功，失败
审核系统事件	失败
审核帐户登录事件	失败
审核帐户管理	成功，失败

12. **设置安全选项**：按表 5-15-7 中的值设置安全选项，将设置后的对话框拷屏，以文件名 5-15-17.gif、5-15-18.gif 保存到考生文件夹。

表 5-15-7　设置安全选项策略

属性	值
登录时间用完自动注销用户	已启用
登录时间过期就自动注销用户	已启用
防止计算机帐户密码的系统维护	已停用
防止用户安装打印机	已停用
故障恢复控制台：允许对所有驱动器和文件夹进行软盘复制和访问	已启用
故障恢复控制台：允许自动系统管理登录	已启用
允许在未登录前关机	已启用
在密码到期前提示用户更改密码	3 天
只有本地登录的用户才可使用软盘	已启用
智能卡移除操作	强制注销

5.16　第 16 题

【操作要求】

1. **新建用户账号**：使用"Active Directory 用户和计算机"建立一个新用户，新用户账号需要定义的属性值如表 5-16-1 所示。输入表 5-16-1 所示属性值，将设置后的对话框拷屏，以文件名 5-16-1.gif、5-16-2.gif 保存到考生文件夹。

表 5-16-1　用户账号属性表

资料种类	值
姓	New
名	UpdateUser
英文缩写	-Dns
用户登录名	NewUpdateUser
密码	NewUpdateUser
确认密码	NewUpdateUser
密码选项	密码永不过期

2. **限制帐户属性**：将用户 NewUpdateUser-Dns 的登录时间限制为允许星期六全天，禁止所有其他时间，将设置后的"登录时段"对话框拷屏，以文件名 5-16-3.gif 保存到考生文件夹；将用户登录工作站设置为仅允许 WIN2K03，将设置后的"登录工作站"对话框拷屏，以文件名 5-16-4.gif 保存到考生文件夹；将"帐户过期"设置为"永不过期"，将设置后的 New Vpdatevser-Dns 对话框的"帐户"选项卡拷屏，以文件名 5-16-5.gif 保存到考生文件夹。

3. **指定所属组**：将用户 NewUpdateUser-Dns 指定为 Domain users 和 DnsUpdateProxy 组的成员，然后将设置的结果拷屏，以文件名 5-16-6.gif 保存到考生文件夹。

4. **设定登录环境**：输入表 5-16-2 所示需要设置的用户环境属性值，将设置后的对话框拷屏，以文件名 5-16-7.gif 保存到考生文件夹。

表 5-16-2　用户环境属性

属性	值
用户配置文件路径	\\WIN2K\netlogon
登录脚本名	NewUpdateUser.bat
本地路径	e:\ NewUpdateUser

5. **限制拨入权限**：给予用户 NewUpdateUser-Dns "远程访问权限"的"拒绝访问"权限，"回拨选项"设置为"不回拨"，将设置后的"拨入"选项卡拷屏，以文件名 5-16-8.gif 保存到考生文件夹。

6. **设定安全属性**：将 NewUpdateUser-Dns 帐户的权限设置为允许 Everyone 组读取权限，将设置后的对话框拷屏，以文件名 5-16-9.gif 保存到考生文件夹。

7. **新建用户组**：建立一个新组，其属性如表 5-16-3 所示，将设置后的对话框拷屏，以文件名 5-16-10.gif 保存到考生文件夹。

表 5-16-3　用户组属性

属性	值
组名	NewGlobleGroup516
组作用域	全局
组类型	分布式

8. **为用户组添加成员**：将用户 NewUpdateUser-Dns 加入到新建的用户组；将组 NewGlobleGroup516 加入到组 DnsAdmins 中。将设置后的对话框拷屏，分别以文件名 5-16-11.gif、5-16-12.gif 保存到考生文件夹。

9. **设置帐户原则**：按表 5-16-4 中的值设置密码策略、帐户锁定策略，将设置后的对话框拷屏，以文件名 5-16-13.gif、5-16-14.gif 保存到考生文件夹。

表 5-16-4　密码策略属性

属性	值
密码必须符合复杂性要求	没有定义
密码长度最小值	6 个字符
密码最长存留期	60 天
密码最短存留期	1 天
强制密码历史	没有定义
为域中所有用户使用可还原的加密来储存密码	没有定义
复位帐户锁定计数器	5 分钟以后
帐户锁定时间	5 分钟
帐户锁定阈值	1 次无效登录

10. **设置用户权利**：指派表 5-16-5 中所赋值的策略，将设置后的对话框拷屏，以文件名 5-16-15.gif 保存到考生文件夹。

表 5-16-5　设置用户权利指派

属性	值
产生安全审核	Administrators
创建永久共享对象	
关闭系统	Administrators,Server Operators
在本地登录	Administrators,Backup Operators
作为服务登录	

11. **设置审核策略**：按表 5-16-6 中的值设置审核策略，将设置后的对话框拷屏，以文件名 5-16-16.gif 保存到考生文件夹。

表 5-16-6　设置审核策略

属性	值
审核策略更改	成功，失败
审核登录事件	成功，失败
审核对象访问	失败
审核过程追踪	失败
审核文件夹服务访问	失败
审核特权使用	成功，失败
审核系统事件	失败
审核帐户登录事件	失败
审核帐户管理	成功，失败

12. **设置安全选项**：按表 5-16-7 中的值设置安全选项，将设置后的对话框拷屏，以文件名 5-16-17.gif、5-16-18.gif 保存到考生文件夹。

表 5-16-7 设置安全选项策略

属性	值
登录时间用完自动注销用户	已启用
登录屏幕上不再显示上次登录的用户名	已停用
登录时间过期就自动注销用户	已启用
防止计算机帐户密码的系统维护	已停用
防止用户安装打印机	已停用
故障恢复控制台：允许对所有驱动器和文件夹进行软盘复制和访问	已启用
故障恢复控制台：允许自动系统管理登录	已启用
在密码到期前提示用户更改密码	3 天
只有本地登录的用户才可使用软盘	已启用
智能卡移除操作	强制注销

5.17 第 17 题

【操作要求】

1. **新建用户账号**：使用"Active Directory 用户和计算机"建立一个新用户，新用户账号需要定义的属性值如表 5-17-1 所示。输入表 5-17-1 所示属性值，将设置后的对话框拷屏，以文件名 5-17-1.gif、5-17-2.gif 保存到考生文件夹。

表 5-17-1 用户账号属性表

资料种类	值
姓	New
名	ProxyUser
英文缩写	-Dns
用户登录名	NewProxyUser
密码	NewProxyUser
确认密码	NewProxyUser
密码选项	密码永不过期

2. **限制帐户属性**：将用户 NewProxyUser-Dns 的登录时间限制为允许星期六全天，禁止所有其他时间，将设置后的"登录时段"对话框拷屏，以文件名 5-17-3.gif 保存到考生文件夹；将用户登录工作站设置为仅允许 WIN2K03，将设置后的"登录工作站"对话框拷屏，以文件名 5-17-4.gif 保存到考生文件夹；将"帐户过期"设置为"永不过期"，将设置后的对话框的"帐户"选项卡拷屏，以文件名 5-17-5.gif 保存到考生文件夹。

3. **指定所属组**：将用户 NewProxyUser-Dns 指定为 Domain users 和 DnsUpdateProxy 组的成员，然后将设置的结果拷屏，以文件名 5-17-6.gif 保存到考生文件夹。

4. **设定登录环境**：输入表 5-17-2 所示需要设置的用户环境属性值，将设置后的对话框拷屏，以文件名 5-17-7.gif 保存到考生文件夹。

表 5-17-2 用户环境属性

属性	值
用户配置文件路径	\\WIN2K\netlogon
登录脚本名	NewProxyUser.bat
本地路径	e:\ NewProxyUser

5. **限制拨入权限**：给予用户 NewProxyUser-Dns "远程访问权限"的"拒绝访问"权限，"回拨选项"设置为"不回拨"，将设置后的"拨入"选项卡拷屏，以文件名 5-17-8.gif 保存到考生文件夹。

6. **设定安全属性**：将 NewProxyUser-Dns 帐户的权限设置为允许 Everyone 组读取权限，将设置后的对话框拷屏，以文件名 5-17-9.gif 保存到考生文件夹。

7. **新建用户组**：建立一个新组，其属性如表 5-17-3 所示，将设置后的对话框拷屏，以文件名 5-17-10.gif 保存到考生文件夹。

表 5-17-3　用户组属性

属性	值
组名	NewDistributeGroup517
组作用域	全局
组类型	分布式

8. **为用户组添加成员**：将用户 NewProxyUser-Dns 加入到新建的用户组；将组 NewDistributeGroup517 加入到组 DnsAdmins 中。将设置后的对话框拷屏，分别以文件名 5-17-11.gif、5-17-12.gif 保存到考生文件夹。

9. **设置帐户原则**：按表 5-17-4 中的值设置密码策略、帐户锁定策略，将设置后的对话框拷屏，以文件名 5-17-13.gif、5-17-14.gif 保存到考生文件夹。

表 5-17-4　密码策略属性

属性	值
密码必须符合复杂性要求	没有定义
密码长度最小值	6 个字符
密码最长存留期	30 天
密码最短存留期	1 天
强制密码历史	没有定义
为域中所有用户使用可还原的加密来储存密码	没有定义
复位帐户锁定计数器	15 分钟以后
帐户锁定时间	15 分钟
帐户锁定阈值	3 次无效登录

10. **设置用户权利**：指派表 5-17-5 中所赋值的策略，将设置后的对话框拷屏，以文件名 5-17-15.gif 保存到考生文件夹。

表 5-17-5　设置用户权利指派

属性	值
产生安全审核	Administrators
创建永久共享对象	
从网络访问此计算机	Everyone
关闭系统	Administrators,Server Operators
在本地登录	Administrators,Backup Operators
作为服务登录	

11. **设置审核策略**：按表 5-17-6 中的值设置审核策略，将设置后的对话框拷屏，以文件名 5-17-16.gif 保存到考生文件夹。

表 5-17-6　设置审核策略

属性	值
审核策略更改	成功，失败
审核登录事件	成功，失败
审核对象访问	失败
审核过程追踪	失败
审核文件夹服务访问	失败
审核特权使用	成功，失败
审核系统事件	失败
审核帐户登录事件	成功，失败
审核帐户管理	失败

12. **设置安全选项**：按表 5-17-7 中的值设置安全选项，将设置后的对话框拷屏，以文件名 5-17-17.gif、5-17-18.gif 保存到考生文件夹。

表 5-17-7　设置安全选项策略

属性	值
登录时间用完自动注销用户	已启用
登录屏幕上不再显示上次登录的用户名	已停用
登录时间过期就自动注销用户	已启用
防止用户安装打印机	已停用
故障恢复控制台：允许对所有驱动器和文件夹进行软盘复制和访问	已启用
故障恢复控制台：允许自动系统管理登录	已停用
在密码到期前提示用户更改密码	3 天
只有本地登录的用户才可使用软盘	已启用
智能卡移除操作	强制注销

5.18 第 18 题

【操作要求】

1. **新建用户账号**：使用"Active Directory 用户和计算机"建立一个新用户，新用户账号需要定义的属性值如表 5-18-1 所示。输入表 5-18-1 所示属性值，将设置后的对话框拷屏，以文件名 5-18-1.gif、5-18-2.gif 保存到考生文件夹。

表 5-18-1 用户账号属性表

资料种类	值
姓	New
名	AdminiUser
英文缩写	-Dns
用户登录名	NewAdminiUser
密码	NewAdminiUser
确认密码	NewAdminiUser
密码选项	用户不能更改密码；密码永不过期

2. **限制帐户属性**：将用户 NewAdminiUser-Dns 的登录时间限制为允许每天 8:00～20:00，将设置后的"登录时段"对话框拷屏，以文件名 5-18-3.gif 保存到考生文件夹；将用户登录工作站设置为仅允许 WIN2K03，将设置后的"登录工作站"对话框拷屏，以文件名 5-18-4.gif 保存到考生文件夹；将"帐户过期"设置为"永不过期"，将设置后的对话框的"帐户"选项卡拷屏，以文件名 5-18-5.gif 保存到考生文件夹。

3. **指定所属组**：将用户 NewAdminiUser-Dns 指定为 Domain users 和 DnsAdmins 组的成员，然后将设置的结果拷屏，以文件名 5-18-6.gif 保存到考生文件夹。

4. **设定登录环境**：输入表 5-18-2 所示需要设置的用户环境属性值，将设置后的对话框拷屏，以文件名 5-18-7.gif 保存到考生文件夹。

表 5-18-2 用户环境属性

属性	值
用户配置文件路径	\\WIN2K\netlogon
登录脚本名	NewAdminiUser.bat
本地路径	e:\NewAdminiUser

5. **限制拨入权限**：给予用户 NewAdminiUser-Dns "远程访问权限"的"允许访问"权限，"回拨选项"设置为"总是回拨到：010-69732501"，将设置后的"拨入"选项卡拷屏，以文件名 5-18-8.gif 保存到考生文件夹。

6. **设定安全属性**：将 NewAdminiUser-Dns 帐户的权限设置为允许 Administrators 组完全控制，将设置后的对话框拷屏，以文件名 5-18-9.gif 保存到考生文件夹。

7. **新建用户组**：建立一个新组，其属性如表 5-18-3 所示，将设置后的对话框拷屏，以文件名 5-18-10.gif 保存到考生文件夹。

表 5-18-3　用户组属性

属性	值
组名	NewDistributeGroup518
组作用域	通用
组类型	分布式

8. **为用户组添加成员**：将用户 NewAdminUser-Dns 加入到新建的用户组；将组 NewDistributeGroup518 加入到组 DnsAdmins 中。将设置后的对话框拷屏，分别以文件名 5-18-11.gif、5-18-12.gif 保存到考生文件夹。

9. **设置帐户原则**：按表 5-18-4 中的值设置密码策略、帐户锁定策略，将设置后的对话框拷屏，以文件名 5-18-13.gif、5-18-14.gif 保存到考生文件夹。

表 5-18-4　密码策略属性

属性	值
密码必须符合复杂性要求	没有定义
密码长度最小值	6 个字符
密码最长存留期	15 天
密码最短存留期	1 天
强制密码历史	没有定义
为域中所有用户使用可还原的加密来储存密码	没有定义
复位帐户锁定计数器	15 分钟以后
帐户锁定时间	15 分钟
帐户锁定阈值	5 次无效登录

10. **设置用户权利**：指派表 5-18-5 中所赋值的策略，将设置后的对话框拷屏，以文件名 5-18-15.gif 保存到考生文件夹。

表 5-18-5　设置用户权利指派

属性	值
产生安全审核	Administrators
创建永久共享对象	
关闭系统	Administrators,Server Operators
管理审核和安全日志	Administrators,Server Operators
在本地登录	Administrators,Backup Operators
作为服务登录	

11. **设置审核策略**：按表 5-18-6 中的值设置审核策略，将设置后的对话框拷屏，以文件名 5-18-16.gif 保存到考生文件夹。

表 5-18-6　设置审核策略

属性	值
审核策略更改	成功，失败
审核登录事件	失败
审核对象访问	失败
审核过程追踪	失败
审核文件夹服务访问	失败
审核特权使用	成功，失败
审核系统事件	失败
审核帐户登录事件	失败
审核帐户管理	失败

12. **设置安全选项**：按表 5-18-7 中的值设置安全选项，将设置后的对话框拷屏，以文件名 5-18-17.gif、5-18-18.gif 保存到考生文件夹。

表 5-18-7　设置安全选项策略

属性	值
登录时间用完自动注销用户	已启用
登录屏幕上不再显示上次登录的用户名	已停用
登录时间过期就自动注销用户	已启用
防止用户安装打印机	已停用
故障恢复控制台：允许对所有驱动器和文件夹进行软盘复制和访问	已停用
故障恢复控制台：允许自动系统管理登录	已停用
如果无法记录安全审计则立即关闭系统	已停用
在密码到期前提示用户更改密码	3 天
只有本地登录的用户才可使用软盘	已启用
智能卡移除操作	强制注销

5.19　第 19 题

【操作要求】

1. **新建用户账号**：使用 "Active Directory 用户和计算机" 建立一个新用户，新用户账号需要定义的属性值如表 5-19-1 所示。输入表 5-19-1 所示属性值，将设置后的对话框拷屏，以文件名 5-19-1.gif、5-19-2.gif 保存到考生文件夹。

表 5-19-1　用户账号属性表

资料种类	值
姓	New
名	RASUser
英文缩写	-Ser
用户登录名	NewRASUser
密码	NewRASUser
确认密码	NewRASUser
密码选项	用户下次登录时须更改密码

2. **限制帐户属性**：将用户 NewRASUser-Ser 的登录时间限制为允许每天 21:00~7:00，禁止所有其他时间，将设置后的 "登录时段" 对话框拷屏，以文件名 5-19-3.gif 保存到考生文件夹；将用户登录工作站设置为允许所有计算机，将设置后的 "登录工作站" 对话框拷屏，以文件名 5-19-4.gif 保存到考生文件夹；将 "帐户过期" 设置为 "永不过期"，将设置后的对话框的 "帐户" 选项卡拷屏，以文件名 5-19-5.gif 保存到考生文件夹。

3. **指定所属组**：将用户 NewRASUser-Ser 指定为 Domain users 和 RAS and IAS Servers 组的成员，然后将设置的结果拷屏，以文件名 5-19-6.gif 保存到考生文件夹。

4. **设定登录环境**：输入表 5-19-2 所示需要设置的用户环境属性值，将设置后的对话框拷屏，以文件名 5-19-7.gif 保存到考生文件夹。

表 5-19-2　用户环境属性

属性	值
用户配置文件路径	\\WIN2K\netlogon
登录脚本名	NewRASUser.bat
本地路径	e:\ NewRASUser

5. **限制拨入权限**：给予用户 NewRASUser-Ser "远程访问权限" 的 "允许访问" 权限，"回拨选项" 设置为 "不回拨"，将设置后的 "拨入" 选项卡拷屏，以文件名 5-19-8.gif 保存到考生文件夹。

6. **设定安全属性**：将 NewRASUser-Ser 帐户的权限设置为允许 Everyone 组读取权限，将设置后的对话框拷屏，以文件名 5-19-9.gif 保存到考生文件夹。

7. **新建用户组**：建立一个新组，其属性如表 5-19-3 所示，将设置后的对话框拷屏，以文件名 5-19-10.gif 保存到考生文件夹。

表 5-19-3　用户组属性

属性	值
组名	NewGeneralGroup519
组作用域	全局
组类型	分布式

8. **为用户组添加成员**：将用户 NewRASUser-Ser 加入到新建的用户组；将组 NewGeneralGroup519 加入到组 RAS and IAS Servers 中。将设置后的对话框拷屏，分别以文件名 5-19-11.gif、5-19-12.gif 保存到考生文件夹。

9. **设置帐户原则**：按表 5-19-4 中的值设置密码策略、帐户锁定策略，将设置后的对话框拷屏，以文件名 5-19-13.gif、5-19-14.gif 保存到考生文件夹。

表 5-19-4　密码策略属性

属性	值
密码必须符合复杂性要求	没有定义
密码长度最小值	6 个字符
密码最长存留期	15 天
密码最短存留期	1 天
强制密码历史	3 个记住的密码
为域中所有用户使用可还原的加密来储存密码	没有定义
复位帐户锁定计数器	99999 分钟以后
帐户锁定时间	99999 分钟
帐户锁定阈值	6 次无效登录

10. **设置用户权利**：指派表 5-19-5 中所赋值的策略，将设置后的对话框拷屏，以文件名 5-19-15.gif 保存到考生文件夹。

表 5-19-5　设置用户权利指派

属性	值
产生安全审核	Administrators
创建永久共享对象	
从网络访问此计算机	Everyone
关闭系统	Administrators,Server Operators
管理审核和安全日志	Administrators,Server Operators
拒绝本地登录	Guests
在本地登录	Administrators,Backup Operators
作为服务登录	

11. **设置审核策略**：按表 5-19-6 中的值设置审核策略，将设置后的对话框拷屏，以文件名 5-19-16.gif 保存到考生文件夹。

表 5-19-6　设置审核策略

属性	值
审核策略更改	没有定义
审核登录事件	失败
审核对象访问	失败
审核过程追踪	失败
审核文件夹服务访问	失败

续表

属性	值
审核特权使用	成功，失败
审核系统事件	失败
审核帐户登录事件	失败
审核帐户管理	失败

12. **设置安全选项**：按表 5-19-7 中的值设置安全选项，将设置后的对话框拷屏，以文件名 5-19-17.gif、5-19-18.gif 保存到考生文件夹。

表 5-19-7　设置安全选项策略

属性	值
登录时间用完自动注销用户	已启用
登录屏幕上不再显示上次登录的用户名	已停用
登录时间过期就自动注销用户	已启用
防止用户安装打印机	已停用
故障恢复控制台：允许对所有驱动器和文件夹进行软盘复制和访问	已停用
故障恢复控制台：允许自动系统管理登录	已停用
如果无法记录安全审计则立即关闭系统	已停用
允许在未登录前关机	已启用
在密码到期提示用户更改密码	3 天
只有本地登录的用户才可使用软盘	已启用
智能卡移除操作	强制注销

5.20　第 20 题

【操作要求】

1. **新建用户账号**：使用"Active Directory 用户和计算机"建立一个新用户，新用户账号需要定义的属性值如表 5-20-1 所示。输入表 5-20-1 所示属性值，将设置后的对话框拷屏，以文件名 5-20-1.gif、5-20-2.gif 保存到考生文件夹。

表 5-20-1　用户账号属性表

资料种类	值
姓	New
名	IASUser
英文缩写	-Ser
用户登录名	NewIASUser
密码	NewIASUser
确认密码	NewIASUser
密码选项	用户下次登录时须更改密码

2. **限制帐户属性**：将用户 NewIASUser-Ser 登录时间限制为允许每天 21:00~7:00，禁止所有其他时间，将设置后的"登录时段"对话框拷屏，以文件名 5-20-3.gif 保存到考生文件夹；将用户登录工作站设置为允许所有计算机，将设置后的"登录工作站"对话框拷屏，以文件名 5-20-4.gif 保存到考生文件夹；将"帐户过期"设置为"永不过期"，将设置后的对话框的"帐户"选项卡拷屏，以文件名 5-20-5.gif 保存到考生文件夹。

3. **指定所属组**：将用户 NewIASUser-Ser 指定为 Domain users 和 RAS and IAS Servers 组的成员，然后将设置的结果拷屏，以文件名 5-20-6.gif 保存到考生文件夹。

4. **设定登录环境**：输入表 5-20-2 所示需要设置的用户环境属性值，将设置后的对话框拷屏，以文件名 5-20-7.gif 保存到考生文件夹。

表 5-20-2　用户环境属性

属性	值
用户配置文件路径	\\WIN2K\netlogon
登录脚本名	NewIASUser.bat
本地路径	e:\ NewIASUser

5. **限制拨入权限**：给予用户 NewIASUser-Ser "远程访问权限"的"允许访问"权限，将设置后的"拨入"选项卡拷屏，以文件名 5-20-8.gif 保存到考生文件夹。

6. **设定安全属性**：将 NewIASUser-Ser 帐户的权限设置为允许 Everyone 组读取权限，将设置后的对话框拷屏，以文件名 5-20-9.gif 保存到考生文件夹。

7. **新建用户组**：建立一个新组，其属性如表 5-20-3 所示，将设置后的对话框拷屏，以文件名 5-20-10.gif 保存到考生文件夹。

表 5-20-3 用户组属性

属性	值
组名	NewGeneralGroup520
组作用域	通用
组类型	分布式

8. **为用户组添加成员**：将用户 NewIASUser-Ser 加入到新建的用户组；将组 NewGeneralGroup520 加入到组 RAS and IAS Servers 中。将设置后的对话框拷屏，分别以文件名 5-20-11.gif、5-20-12.gif 保存到考生文件夹。

9. **设置帐户原则**：按表 5-20-4 中的值设置密码策略、帐户锁定策略，将设置后的对话框拷屏，以文件名 5-20-13.gif、5-20-14.gif 保存到考生文件夹。

表 5-20-4 密码策略属性

属性	值
密码必须符合复杂性要求	没有定义
密码长度最小值	4 个字符
密码最长存留期	15 天
密码最短存留期	1 天
强制密码历史	3 个记住的密码
为域中所有用户使用可还原的加密来储存密码	没有定义
复位帐户锁定计数器	99999 分钟以后
帐户锁定时间	99999 分钟
帐户锁定阈值	3 次无效登录

10. **设置用户权利**：指派表 5-20-5 中所赋值的策略，将设置后的对话框拷屏，以文件名 5-20-15.gif 保存到考生文件夹。

表 5-20-5 设置用户权利指派

属性	值
产生安全审核	Administrators
创建永久共享对象	
从网络访问此计算机	Everyone
关闭系统	Administrators,Server Operators
管理审核和安全日志	Administrators,Server Operators
拒绝本地登录	Guests
拒绝从网络访问这台计算机	Guests
在本地登录	Administrators,Backup Operators
作为服务登录	

11. **设置审核策略**：按表 5-20-6 中的值设置审核策略，将设置后的对话框拷屏，以文件名 5-20-16.gif 保存到考生文件夹。

表 5-20-6 设置审核策略

属性	值
审核策略更改	没有定义
审核登录事件	失败
审核对象访问	失败
审核过程追踪	失败
审核文件夹服务访问	没有定义
审核特权使用	成功，失败

续表

属性	值
审核系统事件	失败
审核帐户登录事件	失败
审核帐户管理	失败

12. **设置安全选项**：按表 5-20-7 中的值设置安全选项，将设置后的对话框拷屏，以文件名 5-20-17.gif、5-20-18.gif 保存到考生文件夹。

表 5-20-7　设置安全选项策略

属性	值
登录时间用完自动注销用户	已启用
登录屏幕上不再显示上次登录的用户名	已启用
登录时间过期就自动注销用户	已启用
故障恢复控制台：允许自动系统管理登录	已停用
如果无法记录安全审计则立即关闭系统	已启用
允许在未登录前关机	已启用
在密码到期前提示用户更改密码	3 天
只有本地登录的用户才可使用软盘	已启用
智能卡移除操作	强制注销

第六单元　Windows 2000 服务器配置

6.1　第1题

【操作要求】

1. **服务器属性**：使用"Active Directory 用户和计算机"查看运行 Windows 2000 主域控制器的服务器属性。将打开的对话框拷屏（如图 6-1-1 所示），以文件名 6-1-1.gif 保存到考生文件夹。
2. **查看与服务器连接的用户**：在"计算机管理"窗口内打开"会话"，然后将打开的窗口拷屏（如图 6-1-2 所示），以文件名 6-1-2.gif 保存到考生文件夹。

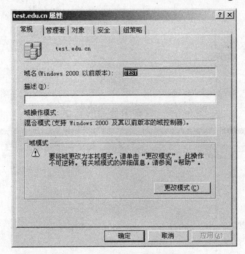

图 6-1-1　查看服务器属性

图 6-1-2　查看与服务器连接的用户

3. **查看共享资源**：在"计算机管理"窗口内打开"打开文件"，然后将打开的窗口拷屏（如图 6-1-3 所示），以文件名 6-1-3.gif 保存到考生文件夹。

4. **查看打开文件**：在"计算机管理"窗口内打开"共享"，然后将打开的窗口拷屏（如图 6-1-4 所示），以文件名 6-1-4.gif 保存到考生文件夹。

5. **设置服务器警报**：在"计算机管理"窗口内，输入表 6-1-1 中警报的内容，将设置后的对话框拷屏（如图 6-1-5、图 6-1-6 所示），以文件名 6-1-5.gif、6-1-6.gif 保存到考生文件夹。

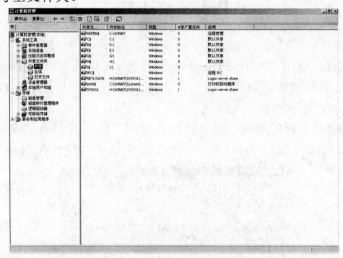

图 6-1-3　查看服务器的共享资源

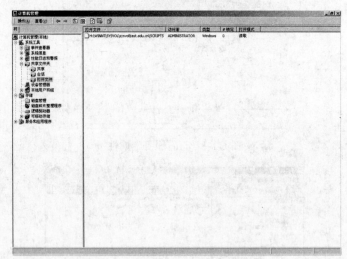

图 6-1-4　查看服务器上被打开的文件

表 6-1-1　设置服务器警报

属性	值
名称	硬盘
计数器	PhysicalDisk(Total)\%DiskTime
触发警报	"超过"　　　　"8000"
发送网络信息到	Song_zhikun@sohu.com

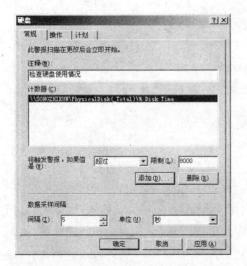

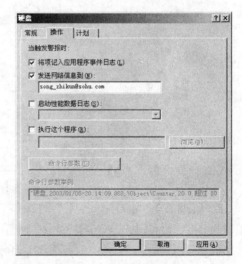

图 6-1-5　设置警报计数器　　　　　　　图 6-1-6　设置警报操作

6. **新建共享文件夹**：在"计算机管理"窗口内打开"创建共享文件夹"对话框，输入表 6-1-2 中共享文件夹的属性，将设置后的对话框拷屏（如图 6-1-7、6-1-8 所示），以文件名 6-1-7.gif、6-1-8.gif 保存到考生文件夹。

表 6-1-2　设置共享文件夹

属性	值
共享的文件夹	D:\Tools
共享名	Tools
共享描述	常用工具集
共享权限	所有用户都有完全控制

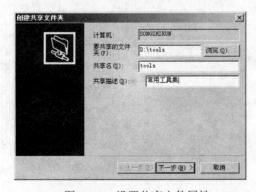

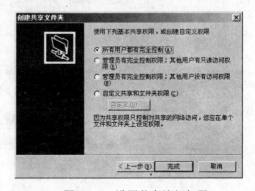

图 6-1-7　设置共享文件属性　　　　　　　图 6-1-8　设置共享访问权限

7. **向用户发送消息**：打开"发送控制台消息"对话框，在"消息"框内输入"你好，新世界"，收件人指定为"SONGZHIKUN"，将设置后的对话框拷屏（如图 6-1-9 所示），以文件名 6-1-9.gif 保存到考生文件夹。

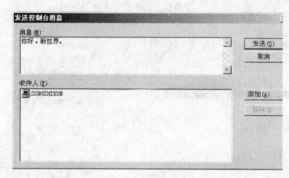

图 6-1-9　向用户发送消息

8. **管理服务**：打开"服务"对话框，选中"Alerter"服务，打开"属性"对话框，
在对话框中按表 6-1-3 所示设置，将设置后的对话框拷屏（如图 6-1-10、图
6-1-11 所示），以文件名 6-1-10.gif、6-1-11.gif 保存到考生文件夹。

表 6-1-3　设置服务属性

属性	值
常规	启动类型：自动
登录	登录身份：允许服务与桌面交互

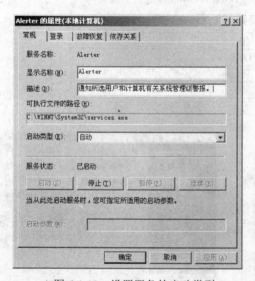

图 6-1-10　设置服务的启动类型

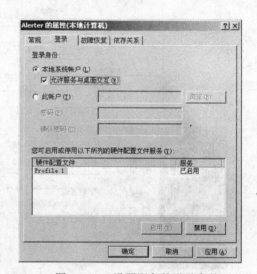

图 6-1-11　设置服务的登录身份

6.2 第2题

【操作要求】

1. **服务器属性**：使用"Active Directory 用户和计算机"查看运行 Windows 2000 主域控制器的服务器属性。将打开的对话框拷屏，以文件名 6-2-1.gif 保存到考生文件夹。

2. **查看与服务器连接的用户**：在"计算机管理"窗口内打开"会话"，然后将打开的窗口拷屏，以文件名 6-2-2.gif 保存到考生文件夹。

3. **查看共享资源**：在"计算机管理"窗口内打开"共享"，然后将打开的窗口拷屏，以文件名 6-2-3.gif 保存到考生文件夹。

4. **查看打开文件**：在"计算机管理"窗口内打开"打开文件"，然后将打开的窗口拷屏，以文件名 6-2-4.gif 保存到考生文件夹。

5. **设置服务器警报**：在"计算机管理"窗口内，输入表 6-2-1 中警报的内容，将设置后的对话框拷屏，以文件名 6-2-5.gif、6-2-6.gif 保存到考生文件夹。

表 6-2-1 设置服务器警报

属性	值
名称	硬盘
计数器	PhysicalDisk(Total)\\%DiskTime
触发警报	"超过" "8000"
发送网络信息到	010-69732501

6. **新建共享文件夹**：在"计算机管理"窗口内打开"创建共享文件夹"对话框，输入表 6-2-2 中共享文件夹的属性，将设置后的对话框拷屏，以文件名 6-2-7.gif、6-2-8.gif 保存到考生文件夹。

表 6-2-2 设置共享文件夹

属性	值
共享的文件夹	D:\win2000
共享名	Win2000
共享描述	Win2000 共享文件夹
共享权限	管理员有完全控制权限；其他用户有只读访问权限

7. **向用户发送消息**：打开"发送控制台消息"对话框，在"消息"框内输入"Hello, World."，收件人指定为"SONGZHIKUN"，将设置后的对话框拷屏，以文件名 6-2-9.gif 保存到考生文件夹。

8. **管理服务**：打开"Alerter"服务的"属性"对话框，在对话框中按表 6-2-3 所示设置，将设置后的对话框拷屏，以文件名 6-2-10.gif、6-2-11.gif 保存到考生文件夹。

表 6-2-3 设置服务属性

属性	值
常规	启动类型：手动
登录	此帐户：NewEnterpriseUser

6.3　第 3 题

【操作要求】

1. **服务器属性**：使用"Active Directory 用户和计算机"查看运行 Windows 2000 主域控制器的服务器属性。将打开的对话框拷屏，以文件名 6-3-1.gif 保存到考生文件夹。

2. **查看与服务器连接的用户**：在"计算机管理"窗口内打开"会话"，然后将打开的窗口拷屏，以文件名 6-3-2.gif 保存到考生文件夹。

3. **查看共享资源**：在"计算机管理"窗口内打开"共享"，然后将打开的窗口拷屏，以文件名 6-3-3.gif 保存到考生文件夹。

4. **查看打开文件**：在"计算机管理"窗口内打开"打开文件"，然后将打开的窗口拷屏，以文件名 6-3-4.gif 保存到考生文件夹。

5. **设置服务器警报**：在"计算机管理"窗口内，输入表 6-3-1 中警报的内容，将设置后的对话框拷屏，以文件名 6-3-5.gif、6-3-6.gif 保存到考生文件夹。

表 6-3-1　设置服务器警报

属性	值
名称	CPU
计数器	Processor(Total)\\%Processor Time
触发警报	"超过"　　　"90"
启动性能数据日志	System Overview

6. **新建共享文件夹**：在"计算机管理"窗口内打开"创建共享文件夹"对话框，输入表 6-3-2 中共享文件夹的属性，将设置后的对话框拷屏，以文件名 6-3-7.gif、6-3-8.gif 保存到考生文件夹。

表 6-3-2　设置共享文件夹

属性	值
共享的文件夹	D:\INSTALL
共享名	INSTALL
共享描述	安装文件
共享权限	管理员有完全控制权限；其他用户没有访问权限

7. **向用户发送消息**：打开"发送控制台消息"对话框，在"消息"框内输入"你好，我是 6-03。"，收件人指定为"SONGZHIKUN"，将设置后的对话框拷屏，以文件名 6-3-9.gif 保存到考生文件夹。

8. **管理服务**：打开"服务"对话框，选中"DNS Client"服务，双击打开"属性"对话框，在对话框中按表 6-3-3 所示设置，将设置后的对话框拷屏，以文件名 6-3-10.gif、6-3-11.gif 保存到考生文件夹。

表 6-3-3　设置服务属性

属性	值
常规	启动类型：自动
登录	登录身份：允许服务与桌面交互

6.4 第4题

【操作要求】

1. **服务器属性**：使用"Active Directory 用户和计算机"查看运行 Windows 2000 主域控制器的服务器属性。将打开的对话框拷屏，以文件名 6-4-1.gif 保存到考生文件夹。

2. **查看与服务器连接的用户**：在"计算机管理"窗口内打开"会话"，然后将打开的窗口拷屏，以文件名 6-4-2.gif 保存到考生文件夹。

3. **查看共享资源**：在"计算机管理"窗口内打开"共享"，然后将打开的窗口拷屏，以文件名 6-4-3.gif 保存到考生文件夹。

4. **查看打开文件**：在"计算机管理"窗口内打开"打开文件"，然后将打开的窗口拷屏，以文件名 6-4-4.gif 保存到考生文件夹。

5. **设置服务器警报**：在"计算机管理"窗口内，输入表 6-4-1 中警报的内容，将设置后的对话框拷屏，以文件名 6-4-5.gif、6-4-6.gif 保存到考生文件夹。

表 6-4-1 设置服务器警报

属性	值
名称	CPU
计数器	Processor(Total)\%Processor Time
触发警报	"低于"　　"10"
启动性能数据日志	System Overview

6. **新建共享文件夹**：在"计算机管理"窗口内打开"创建共享文件夹"对话框，输入表 6-4-2 中共享文件夹的属性，将设置后的对话框拷屏，以文件名 6-4-7.gif、6-4-8.gif 保存到考生文件夹。

表 6-4-2 设置共享文件夹

属性	值
共享的文件夹	D:\Downloads
共享名	DOWNLOADS
共享描述	下载文件夹
共享权限	自定义共享和文件夹权限

7. **向用户发送消息**：打开"发送控制台消息"对话框，在"消息"框内输入"你好，6-04。"，收件人指定为"SONGZHIKUN"，将设置后的对话框拷屏，以文件名 6-4-9.gif 保存到考生文件夹。

8. **管理服务**：打开"服务"对话框，选中"DNS Client"服务，双击打开"属性"对话框，在对话框中按表 6-4-3 所示设置，将设置后的对话框拷屏，以文件名 6-4-10.gif、6-4-11.gif 保存到考生文件夹。

表 6-4-3 设置服务属性

属性	值
常规	启动类型：手动
登录	此帐户：TEST\Administrator

6.5　第 5 题

【操作要求】

1. **服务器属性**：使用"Active Directory 用户和计算机"查看运行 Windows 2000 主域控制器的服务器属性。将打开的对话框拷屏，以文件名 6-5-1.gif 保存到考生文件夹。

2. **查看与服务器连接的用户**：在"计算机管理"窗口内打开"会话"，然后将打开的窗口拷屏，以文件名 6-5-2.gif 保存到考生文件夹。

3. **查看共享资源**：在"计算机管理"窗口内打开"共享"，然后将打开的窗口拷屏，以文件名 6-5-3.gif 保存到考生文件夹。

4. **查看打开文件**：在"计算机管理"窗口内打开"打开文件"，然后将打开的窗口拷屏，以文件名 6-5-4.gif 保存到考生文件夹。

5. **设置服务器警报**：在"计算机管理"窗口内，输入表 6-5-1 中警报的内容，将设置后的对话框拷屏，以文件名 6-5-5.gif、6-5-6.gif 保存到考生文件夹。

表 6-5-1　设置服务器警报

属性	值
名称	内存
计数器	Memory\Available MBytes
触发警报	"超过"　　　"150"
发送网络信息到	SONGZHIKUN

6. **新建共享文件夹**：在"计算机管理"窗口内打开"创建共享文件夹"对话框，输入表 6-5-2 中共享文件夹的属性，将设置后的对话框拷屏，以文件名 6-5-7.gif、6-5-8.gif 保存到考生文件夹。

表 6-5-2　设置共享文件夹

属性	值
共享的文件夹	D:\PICTURE
共享名	PICTURE
共享描述	图形文件
共享权限	所有用户都有完全控制

7. **向用户发送消息**：打开"计算机管理"的"发送控制台消息"对话框，在"消息"框内输入"6-05，你好！"，收件人指定为"SONGZHIKUN"，将设置后的对话框拷屏，以文件名 6-5-9.gif 保存到考生文件夹。

8. **管理服务**：打开"服务"对话框，选中"DNS Server"服务，双击打开"属性"对话框，在对话框中按表 6-5-3 所示设置，将设置后的对话框拷屏，以文件名 6-5-10.gif、6-5-11.gif 保存到考生文件夹。

表 6-5-3　设置服务属性

属性	值
常规	启动类型：自动
登录	登录身份：允许服务与桌面交互

6.6　第 6 题

【操作要求】

1. **服务器属性**：使用"Active Directory 用户和计算机"查看运行 Windows 2000 主域控制器的服务器属性。将打开的对话框拷屏，以文件名 6-6-1.gif 保存到考生文件夹。

2. **查看与服务器连接的用户**：在"计算机管理"窗口内打开"会话"，然后将打开的窗口拷屏，以文件名 6-6-2.gif 保存到考生文件夹。

3. **查看共享资源**：在"计算机管理"窗口内打开"共享"，然后将打开的窗口拷屏，以文件名 6-6-3.gif 保存到考生文件夹。

4. **查看打开文件**：在"计算机管理"窗口内打开"打开文件"，然后将打开的窗口拷屏，以文件名 6-6-4.gif 保存到考生文件夹。

5. **设置服务器警报**：在"计算机管理"窗口内，输入表 6-6-1 中警报的内容，将设置后的对话框拷屏，以文件名 6-6-5.gif、6-6-6.gif 保存到考生文件夹。

表 6-6-1　设置服务器警报

属性	值
名称	内存
计数器	Memory\Avalilable MBytes
触发警报	"低于"　　　"10"
发送网络信息到	SONG_ZHIKUN@sohu.com

6. **新建共享文件夹**：在"计算机管理"窗口内打开"创建共享文件夹"对话框，输入表 6-6-2 中共享文件夹的属性，将设置后的对话框拷屏，以文件名 6-6-7.gif、6-6-8.gif 保存到考生文件夹。

表 6-6-2　存在测试设置共享文件夹

属性	值
共享的文件夹	D:\MPEGAV
共享名	MPEGAV
共享描述	影音文件
共享权限	管理员有完全控制权限；其他用户有只读访问权限

7. **向用户发送消息**：打开"发送控制台消息"对话框，在"消息"框内输入"6-06，感谢提供机器！"，收件人指定为"SONGZHIKUN"，将设置后的对话框拷屏，以文件名 6-6-9.gif 保存到考生文件夹。

8. **管理服务**：打开"服务"对话框，选中"DNS Server"服务，双击打开"属性"对话框，在对话框中按表 6-6-3 所示设置，将设置后的对话框拷屏，以文件名 6-6-10.gif、6-6-11.gif 保存到考生文件夹。

表 6-6-3　设置服务属性

属性	值
常规	启动类型：手动
登录	登录身份：此帐户 NewServerUser

6.7 第 7 题

【操作要求】

1. **服务器属性**：使用"Active Directory 用户和计算机"查看运行 Windows 2000 主域控制器的服务器属性。将打开的对话框拷屏，以文件名 6-7-1.gif 保存到考生文件夹。

2. **查看与服务器连接的用户**：在"计算机管理"窗口内打开"会话"，然后将打开的窗口拷屏，以文件名 6-7-2.gif 保存到考生文件夹。

3. **查看共享资源**：在"计算机管理"窗口内打开"共享"，然后将打开的窗口拷屏，以文件名 6-7-3.gif 保存到考生文件夹。

4. **查看打开文件**：在"计算机管理"窗口内打开"打开文件"，然后将打开的窗口拷屏，以文件名 6-7-4.gif 保存到考生文件夹。

5. **设置服务器警报**：在"计算机管理"窗口内，输入表 6-7-1 中警报的内容，将设置后的对话框拷屏，以文件名 6-7-5.gif、6-7-6.gif 保存到考生文件夹。

表 6-7-1 设置服务器警报

属性	值
名称	硬盘
计数器	PhysicalDisk(Total)\%DiskTime
触发警报	"超过" "8000"
发送网络信息到	Song_zhikun@sohu.com

6. **新建共享文件夹**：在"计算机管理"窗口内打开"创建共享文件夹"对话框，输入表 6-7-2 中共享文件夹的属性，将设置后的对话框拷屏，以文件名 6-7-7.gif、6-7-8.gif 保存到考生文件夹。

表 6-7-2 设置共享文件夹

属性	值
共享的文件夹	D:\testuser\user6-07
共享名	UNION6-07
共享描述	第 6-07 号共享文件夹
共享权限	管理员有完全控制权限；其他用户没有访问权限

7. **向用户发送消息**：打开"计算机管理"的"发送控制台消息"对话框，在"消息"框内输入"大家好！"，收件人指定为"SONGZHIKUN"，将设置后的对话框拷屏，以文件名 6-7-9.gif 保存到考生文件夹。

8. **管理服务**：打开"服务"对话框，选中"DHCP Client"服务，双击打开"属性"对话框，在对话框中按表 6-7-3 所示设置，将设置后的对话框拷屏，以文件名 6-7-10.gif、6-7-11.gif 保存到考生文件夹。

表 6-7-3 设置服务属性

属性	值
常规	启动类型：自动
故障恢复	第一次失败，第二次失败：重新启动服务 后续失败：重新启动计算机

6.8 第 8 题

【操作要求】

1. **服务器属性**：使用"Active Directory 用户和计算机"查看运行 Windows 2000 主域控制器的服务器属性。将打开的对话框拷屏，以文件名 6-8-1.gif 保存到考生文件夹。

2. **查看与服务器连接的用户**：在"计算机管理"窗口内打开"会话"，然后将打开的窗口拷屏，以文件名 6-8-2.gif 保存到考生文件夹。

3. **查看共享资源**：在"计算机管理"窗口内打开"共享"，然后将打开的窗口拷屏，以文件名 6-8-3.gif 保存到考生文件夹。

4. **查看打开文件**：在"计算机管理"窗口内打开"打开文件"，然后将打开的窗口拷屏，以文件名 6-8-4.gif 保存到考生文件夹。

5. **设置服务器警报**：在"计算机管理"窗口内，输入表 6-8-1 中警报的内容，将设置后的对话框拷屏，以文件名 6-8-5.gif、6-8-6.gif 保存到考生文件夹。

表 6-8-1 设置服务器警报

属性	值
名称	硬盘
计数器	PhysicalDisk(Total)\%DiskTime
触发警报	"超过"　　　　"8000"
发送网络信息到	010-69732501

6. **新建共享文件夹**：在"计算机管理"窗口内打开"创建共享文件夹"对话框，输入表 6-8-2 中共享文件夹的属性，将设置后的对话框拷屏，以文件名 6-8-7.gif、6-8-8.gif 保存到考生文件夹。

表 6-8-2 设置共享文件夹

属性	值
共享的文件夹	D:\testuser\user06-08
共享名	USER06-08
共享描述	用户的第 06-08 号共享
共享权限	自定义共享和文件夹权限

7. **向用户发送消息**：打开"计算机管理"的"发送控制台消息"对话框，在"消息"框内输入"Hello, everyone.", 收件人指定为"SONGZHIKUN", 将设置后的对话框拷屏，以文件名 6-8-9.gif 保存到考生文件夹。

8. **管理服务**：打开"服务"对话框，选中"DNS Client"服务，打开"属性"对话框，在对话框中按表 6-8-3 所示设置，将设置后的对话框拷屏，以文件名 6-8-10.gif、6-8-11.gif 保存到考生文件夹。

表 6-8-3 设置服务属性

属性	值
常规	启动类型：自动
故障恢复	第一次失败，第二次失败：重新启动服务 后续失败：不操作

6.9 第9题

【操作要求】

1. **服务器属性**：使用"Active Directory 用户和计算机"查看运行 Windows 2000 主域控制器的服务器属性。将打开的对话框拷屏，以文件名 6-9-1.gif 保存到考生文件夹。

2. **查看与服务器连接的用户**：在"计算机管理"窗口内打开"会话"，然后将打开的窗口拷屏，以文件名 6-9-2.gif 保存到考生文件夹。

3. **查看共享资源**：在"计算机管理"窗口内打开"共享"，然后将打开的窗口拷屏，以文件名 6-9-3.gif 保存到考生文件夹。

4. **查看打开文件**：在"计算机管理"窗口内打开"打开文件"，然后将打开的窗口拷屏，以文件名 6-9-4.gif 保存到考生文件夹。

5. **设置服务器警报**：在"计算机管理"窗口内，输入表 6-9-1 中警报的内容，将设置后的对话框拷屏，以文件名 6-9-5.gif、6-9-6.gif 保存到考生文件夹。

表 6-9-1 设置服务器警报

属性	值
名称	CPU
计数器	Processor(Total)\\%Processor Time
触发警报	"超过" "90"
启动性能数据日志	System Overview

6. **新建共享文件夹**：在"计算机管理"窗口内打开"创建共享文件夹"对话框，输入表 6-9-2 中共享文件夹的属性，将设置后的对话框拷屏，以文件名 6-9-7.gif、6-9-8.gif 保存到考生文件夹。

表 6-9-2 设置共享文件夹

属性	值
共享的文件夹	D:\testuser\user06-09
共享名	User06-09
共享描述	用户的第 06-09 号共享
共享权限	所有用户都有完全控制

7. **向用户发送消息**：打开"计算机管理"的"发送控制台消息"对话框，在"消息"框内输入"Hello, everyone.",收件人指定为"workstation01；workstation02；workstation03；workstation04；workstation05",将设置后的对话框拷屏，以文件名 6-9-9.gif 保存到考生文件夹。

8. **管理服务**：打开"服务"对话框，选中"Logical Disk Manager Administrative Service"服务，打开"属性"对话框，在对话框中按表 6-9-3 所示设置，将设置后的对话框拷屏，以文件名 6-9-10.gif、6-9-11.gif 保存到考生文件夹。

表 6-9-3 设置服务属性

属性	值
常规	启动类型：手动
登录	登录身份：允许服务与桌面交互

6.10 第 10 题

【操作要求】

1. **服务器属性**：使用"Active Directory 用户和计算机"查看运行 Windows 2000 主域控制器的服务器属性。将打开的对话框拷屏，以文件名 6-10-1.gif 保存到考生文件夹。

2. **查看与服务器连接的用户**：在"计算机管理"窗口内打开"会话"，然后将打开的窗口拷屏，以文件名 6-10-2.gif 保存到考生文件夹。

3. **查看共享资源**：在"计算机管理"窗口内打开"共享"，然后将打开的窗口拷屏，以文件名 6-10-3.gif 保存到考生文件夹。

4. **查看打开文件**：在"计算机管理"窗口内打开"打开文件"，然后将打开的窗口拷屏，以文件名 6-10-4.gif 保存到考生文件夹。

5. **设置服务器警报**：在"计算机管理"窗口内，输入表 6-10-1 中警报的内容，将设置后的对话框拷屏，以文件名 6-10-5.gif、6-10-6.gif 保存到考生文件夹。

表 6-10-1　设置服务器警报

属性	值
名称	CPU
计数器	Processor(Total)\\%Processor Time
触发警报	"低于"　　　　"10"
启动性能数据日志	System Overview

6. **新建共享文件夹**：在"计算机管理"窗口内打开"创建共享文件夹"对话框，输入表 6-10-2 中共享文件夹的属性，将设置后的对话框拷屏，以文件名 6-10-7.gif、6-10-8.gif 保存到考生文件夹。

表 6-10-2　设置共享文件夹

属性	值
共享的文件夹	D:\testuser\user06_10
共享名	User06_10
共享描述	用户 06_10 的共享
共享权限	管理员有完全控制权限；其他用户有只读访问权限

7. **向用户发送消息**：打开"计算机管理"的"发送控制台消息"对话框，在"消息"框内输入"你好，时间到，请下机。"，收件人指定为"WIN2K01"，将设置后的对话框拷屏，以文件名 6-10-9.gif 保存到考生文件夹。

8. **管理服务**：打开"服务"对话框，选中"Remote Access Auto Connection Manager"服务，打开"属性"对话框，在对话框中按表 6-10-3 所示设置，将设置后的对话框拷屏，以文件名 6-10-10.gif、6-10-11.gif 保存到考生文件夹。

表 6-10-3　设置服务属性

属性	值
常规	启动类型：手动
登录	登录身份：此帐户 NewRASUser

6.11　第 11 题

【操作要求】

1. **服务器属性**：使用"Active Directory 用户和计算机"查看运行 Windows 2000 主域控制器的服务器属性。将打开的对话框拷屏，以文件名 6-11-1.gif 保存到考生文件夹。

2. **查看与服务器连接的用户**：在"计算机管理"窗口内打开"会话"，然后将打开的窗口拷屏，以文件名 6-11-2.gif 保存到考生文件夹。

3. **查看共享资源**：在"计算机管理"窗口内打开"共享"，然后将打开的窗口拷屏，以文件名 6-11-3.gif 保存到考生文件夹。

4. **查看打开文件**：在"计算机管理"窗口内打开"打开文件"，然后将打开的窗口拷屏，以文件名 6-11-4.gif 保存到考生文件夹。

5. **设置服务器警报**：在"计算机管理"窗口内，输入表 6-11-1 中警报的内容，将设置后的对话框拷屏，以文件名 6-11-5.gif、6-11-6.gif 保存到考生文件夹。

表 6-11-1　设置服务器警报

属性	值
名称	内存
计数器	Memory\Available MBytes
触发警报	"超过"　　　"150"
发送网络信息到	SONGZHIKUN

6. **新建共享文件夹**：在"计算机管理"窗口内打开"创建共享文件夹"对话框，输入表 6-11-2 中共享文件夹的属性，将设置后的对话框拷屏，以文件名 6-11-7.gif、6-11-8.gif 保存到考生文件夹。

表 6-11-2　设置共享文件夹

属性	值
共享的文件夹	D:\testuser\user0611
共享名	User0611
共享描述	用户 0611 的共享
共享权限	管理员有完全控制权限；其他用户没有访问权限

7. **向用户发送消息**：打开"计算机管理"的"发送控制台消息"对话框，在"消息"框内输入"你好，密码到期，请更改。"，收件人指定为"WIN2K02"，将设置后的对话框拷屏，以文件名 6-11-9.gif 保存到考生文件夹。

8. **管理服务**：打开"服务"对话框，选中"IPSEC Policy Agent"服务，双击打开"属性"对话框，在对话框中按表 6-11-3 所示设置，将设置后的对话框拷屏，以文件名 6-11-10.gif、6-11-11.gif 保存到考生文件夹。

表 6-11-3　设置服务属性

属性	值
常规	启动类型：自动
依存关系	查看

6.12 第12题

【操作要求】

1. **服务器属性**：使用"Active Directory 用户和计算机"查看运行 Windows 2000 主域控制器的服务器属性。将打开的对话框拷屏，以文件名 6-12-1.gif 保存到考生文件夹。

2. **查看与服务器连接的用户**：在"计算机管理"窗口内打开"会话"，然后将打开的窗口拷屏，以文件名 6-12-2.gif 保存到考生文件夹。

3. **查看共享资源**：在"计算机管理"窗口内打开"共享"，然后将打开的窗口拷屏，以文件名 6-12-3.gif 保存到考生文件夹。

4. **查看打开文件**：在"计算机管理"窗口内打开"打开文件"，然后将打开的窗口拷屏，以文件名 6-12-4.gif 保存到考生文件夹。

5. **设置服务器警报**：在"计算机管理"窗口内，输入表 6-12-1 中警报的内容，将设置后的对话框拷屏，以文件名 6-12-5.gif、6-12-6.gif 保存到考生文件夹。

表 6-12-1 设置服务器警报

属性	值
名称	内存
计数器	Memory\Avalilable MBytes
触发警报	"低于"　　　　"10"
发送网络信息到	SONG_ZHIKUN@sohu.com

6. **新建共享文件夹**：在"计算机管理"窗口内打开"创建共享文件夹"对话框，输入表 6-12-2 中共享文件夹的属性，将设置后的对话框拷屏，以文件名 6-12-7.gif、6-12-8.gif 保存到考生文件夹。

表 6-12-2 设置共享文件夹

属性	值
共享的文件夹	D:\testuser\user06-12
共享名	用户 06-12
共享描述	用户 06-12 的共享文件夹
共享权限	自定义共享和文件夹权限

7. **向用户发送消息**：打开"发送控制台消息"对话框，在"消息"框内输入"你好，时间限制已到，请与管理员联系。"，收件人指定为"WIN2K02"，将设置后的对话框拷屏，以文件名 6-12-9.gif 保存到考生文件夹。

8. **管理服务**：打开"服务"对话框，选中"Task Scheduler"服务，打开"属性"对话框，在对话框中按表 6-12-3 所示设置，将设置后的对话框拷屏，以文件名 6-12-10.gif、6-12-11.gif 保存到考生文件夹。

表 6-12-3 设置服务属性

属性	值
常规	启动类型：自动
登录	登录身份：允许服务与桌面交互

6.13　第 13 题

【操作要求】

1. **服务器属性**：使用"Active Directory 用户和计算机"查看运行 Windows 2000 主域控制器的服务器属性。将打开的对话框拷屏，以文件名 6-13-1.gif 保存到考生文件夹。

2. **查看与服务器连接的用户**：在"计算机管理"窗口内打开"会话"，然后将打开的窗口拷屏，以文件名 6-13-2.gif 保存到考生文件夹。

3. **查看共享资源**：在"计算机管理"窗口内打开"共享"，然后将打开的窗口拷屏，以文件名 6-13-3.gif 保存到考生文件夹。

4. **查看打开文件**：在"计算机管理"窗口内打开"打开文件"，然后将打开的窗口拷屏，以文件名 6-13-4.gif 保存到考生文件夹。

5. **设置服务器警报**：在"计算机管理"窗口内，输入表 6-13-1 中警报的内容，将设置后的对话框拷屏，以文件名 6-13-5.gif、6-13-6.gif 保存到考生文件夹。

表 6-13-1　设置服务器警报

属性	值	
名称	硬盘	
计数器	PhysicalDisk(Total)\\%DiskTime	
触发警报	"超过"	"8000"
发送网络信息到	Song_zhikun@sohu.com	

6. **新建共享文件夹**：在"计算机管理"窗口内打开"创建共享文件夹"对话框，输入表 6-13-2 中共享文件夹的属性，将设置后的对话框拷屏，以文件名 6-13-7.gif、6-13-8.gif 保存到考生文件夹。

表 6-13-2　设置共享文件夹

属性	值
共享的文件夹	D:\testuser\user06-13
共享名	06-13 用户
共享描述	用户 06-13 的共享文件夹
共享权限	所有用户都有完全控制

7. **向用户发送消息**：打开"计算机管理"的"发送控制台消息"对话框，在"消息"框内输入"你的帐户即将到期，请与管理员联系"，收件人指定为"WIN2K02；WIN2K03"，将设置后的对话框拷屏，以文件名 6-13-9.gif 保存到考生文件夹。

8. **管理服务**：打开"服务"对话框，选中"TCP/IP NetBIOS Helper Service"服务，打开"属性"对话框，在对话框中按表 6-13-3 所示设置，将设置后的对话框拷屏，以文件名 6-13-10.gif、6-13-11.gif 保存到考生文件夹。

表 6-13-3　设置服务属性

属性	值
常规	启动类型：自动
登录	登录身份：此帐户 TEST\Administrator

6.14　第 14 题

【操作要求】

1. **服务器属性**：使用"Active Directory 用户和计算机"查看运行 Windows 2000 主域控制器的服务器属性。将打开的对话框拷屏，以文件名 6-14-1.gif 保存到考生文件夹。

2. **查看与服务器连接的用户**：在"计算机管理"窗口内打开"会话"，然后将打开的窗口拷屏，以文件名 6-14-2.gif 保存到考生文件夹。

3. **查看共享资源**：在"计算机管理"窗口内打开"共享"，然后将打开的窗口拷屏，以文件名 6-14-3.gif 保存到考生文件夹。

4. **查看打开文件**：在"计算机管理"窗口内打开"打开文件"，然后将打开的窗口拷屏，以文件名 6-14-4.gif 保存到考生文件夹。

5. **设置服务器警报**：在"计算机管理"窗口内，输入表 6-14-1 中警报的内容，将设置后的对话框拷屏，以文件名 6-14-5.gif、6-14-6.gif 保存到考生文件夹。

表 6-14-1　设置服务器警报

属性	值
名称	硬盘
计数器	PhysicalDisk(Total)\\%DiskTime
触发警报	"超过"　　　　"8000"
发送网络信息到	010-69732501

6. **新建共享文件夹**：在"计算机管理"窗口内打开"创建共享文件夹"对话框，输入表 6-14-2 中共享文件夹的属性，将设置后的对话框拷屏，以文件名 6-14-7.gif、6-14-8.gif 保存到考生文件夹。

表 6-14-2　设置共享文件夹

属性	值
共享的文件夹	D:\testuser\user06-14
共享名	06-14 共享
共享描述	用户 06-14 的共享
共享权限	管理员有完全共享权限；其他用户有只读访问权限

7. **向用户发送消息**：打开"发送控制台消息"对话框，在"消息"框内输入"你的密码期限将到，请尽快更改。"，收件人指定为"WIN2K01；WIN2K02；WIN2K03"，将设置后的对话框拷屏，以文件名 6-14-9.gif 保存到考生文件夹。

8. **管理服务**：打开"服务"对话框，选中"Telephony"服务，打开"属性"对话框，在对话框中按表 6-14-3 所示设置，将设置后的对话框拷屏，以文件名 6-14-10.gif、6-14-11.gif 保存到考生文件夹。

表 6-14-3　设置服务属性

属性	值
故障恢复	第一次失败，第二次失败，后续失败：重新启动服务
依存关系	查看

6.15　第 15 题

【操作要求】

1. **服务器属性**：使用"Active Directory 用户和计算机"查看运行 Windows 2000 主域控制器的服务器属性。将打开的对话框拷屏，以文件名 6-15-1.gif 保存到考生文件夹。

2. **查看与服务器连接的用户**：在"计算机管理"窗口内打开"会话"，然后将打开的窗口拷屏，以文件名 6-15-2.gif 保存到考生文件夹。

3. **查看共享资源**：在"计算机管理"窗口内打开"共享"，然后将打开的窗口拷屏，以文件名 6-15-3.gif 保存到考生文件夹。

4. **查看打开文件**：在"计算机管理"窗口内打开"打开文件"，然后将打开的窗口拷屏，以文件名 6-15-4.gif 保存到考生文件夹。

5. **设置服务器警报**：在"计算机管理"窗口内，输入表 6-15-1 中警报的内容，将设置后的对话框拷屏，以文件名 6-15-5.gif、6-15-6.gif 保存到考生文件夹。

表 6-15-1　设置服务器警报

属性	值
名称	CPU
计数器	Processor(Total)\\%Processor Time
触发警报	"超过"　　　"90"
发送网络信息到	System Overview

6. **新建共享文件夹**：在"计算机管理"窗口内打开"创建共享文件夹"对话框，输入表 6-15-2 中共享文件夹的属性，将设置后的对话框拷屏，以文件名 6-15-7.gif、6-15-8.gif 保存到考生文件夹。

表 6-15-2　设置共享文件夹

属性	值
共享的文件夹	D:\testuser\user06-15
共享名	共享 06-15
共享描述	第 06-15 号共享
共享权限	管理员有完全控制权限；其他用户没有访问权限

7. **向用户发送消息**：打开"发送控制台消息"对话框，在"消息"框内输入"你最近使用过该密码，请再换一个。"，收件人指定为"WIN2K03"，将设置后的对话框拷屏，以文件名 6-15-9.gif 保存到考生文件夹。

8. **管理服务**：打开"服务"对话框，选中"Plug and Play"服务，打开"属性"对话框，在对话框中按表 6-15-3 所示设置，将设置后的对话框拷屏，以文件名 6-15-10.gif、6-15-11.gif 保存到考生文件夹。

表 6-15-3　设置服务属性

属性	值
登录	登录身份：允许服务与桌面交互
依存关系	查看

6.16 第 16 题

【操作要求】

1. **服务器属性**：使用"Active Directory 用户和计算机"查看运行 Windows 2000 主域控制器的服务器属性。将打开的对话框拷屏，以文件名 6-16-1.gif 保存到考生文件夹。

2. **查看与服务器连接的用户**：在"计算机管理"窗口内打开"会话"，然后将打开的窗口拷屏，以文件名 6-16-2.gif 保存到考生文件夹。

3. **查看共享资源**：在"计算机管理"窗口内打开"共享"，然后将打开的窗口拷屏，以文件名 6-16-3.gif 保存到考生文件夹。

4. **查看打开文件**：在"计算机管理"窗口内打开"打开文件"，然后将打开的窗口拷屏，以文件名 6-16-4.gif 保存到考生文件夹。

5. **设置服务器警报**：在"计算机管理"窗口内，输入表 6-16-1 中警报的内容，将设置后的对话框拷屏，以文件名 6-16-5.gif、6-16-6.gif 保存到考生文件夹。

表 6-16-1 设置服务器警报

属性	值
名称	CPU
计数器	Processor(Total)\%Processor Time
触发警报	"低于"　　"10"
发送网络信息到	System Overview

6. **新建共享文件夹**：在"计算机管理"窗口内打开"创建共享文件夹"对话框，输入表 6-16-2 中共享文件夹的属性，将设置后的对话框拷屏，以文件名 6-16-7.gif、6-16-8.gif 保存到考生文件夹。

表 6-16-2 设置共享文件夹

属性	值
共享的文件夹	D:\testuser\user06-16
共享名	User06_16
共享描述	User06_16 的共享
共享权限	自定义共享和文件夹权限

7. **向用户发送消息**：打开"发送控制台消息"对话框，在"消息"框内输入"服务器即将关机，请尽快保存你自己的数据"，收件人指定为"WIN2K01；WIN2K02；WIN2K03；WorkStation01"，将设置后的对话框拷屏，以文件名 6-16-9.gif 保存到考生文件夹。

8. **管理服务**：打开"服务"对话框，选中"Remote Registry Service"服务，打开"属性"对话框，在对话框中按表 6-16-3 所示设置，将设置后的对话框拷屏，以文件名 6-16-10.gif、6-16-11.gif 保存到考生文件夹。

表 6-16-3 设置服务属性

属性	值
常规	启动类型：已禁用
故障恢复	第一次失败，第二次失败，后续失败：重新启动服务

6.17　第 17 题

【操作要求】

1. **服务器属性**：使用"Active Directory 用户和计算机"查看运行 Windows 2000 主域控制器的服务器属性。将打开的对话框拷屏，以文件名 6-17-1.gif 保存到考生文件夹。

2. **查看与服务器连接的用户**：在"计算机管理"窗口内打开"会话"，然后将打开的窗口拷屏，以文件名 6-17-2.gif 保存到考生文件夹。

3. **查看共享资源**：在"计算机管理"窗口内打开"共享"，然后将打开的窗口拷屏以文件名 6-17-3.gif 保存到考生文件夹。

4. **查看打开文件**：在"计算机管理"窗口内打开"打开文件"，然后将打开的窗口拷屏，以文件名 6-17-4.gif 保存到考生文件夹。

5. **设置服务器警报**：在"计算机管理"窗口内，输入表 6-17-1 中警报的内容，将设置后的对话框拷屏，以文件名 6-17-5.gif、6-17-6.gif 保存到考生文件夹。

表 6-17-1　设置服务器警报

属性	值
名称	内存
计数器	Memory\Available MBytes
触发警报	"超过"　　　"150"
发送网络信息到	SONGZHIKUN

6. **新建共享文件夹**：在"计算机管理"窗口内打开"创建共享文件夹"对话框，输入表 6-17-2 中共享文件夹的属性，将设置后的对话框拷屏，以文件名 6-17-7.gif、6-17-8.gif 保存到考生文件夹。

表 6-17-2　设置共享文件夹

属性	值
共享的文件夹	D:\testuser\user06—17
共享名	06_17UNION
共享描述	06_17 共享文件夹
共享权限	所有用户都有完全控制

7. **向用户发送消息**：打开"发送控制台消息"对话框，在"消息"框内输入"服务器出现故障，请尽快下机。"，收件人指定为"WIN2K01；WIN2K02；WIN2K03"，将设置后的对话框拷屏，以文件名 6-17-9.gif 保存到考生文件夹。

8. **管理服务**：打开"服务"对话框，选中"Security Accounts Manager"服务，打开"属性"对话框，在对话框中按表 6-17-3 所示设置，将设置后的对话框拷屏，以文件名 6-17-10.gif、6-17-11.gif 保存到考生文件夹。

表 6-17-3　设置服务属性

属性	值
依存关系	查看
登录	登录身份：允许服务与桌面交互

6.18 第 18 题

【操作要求】

1. **服务器属性**：使用"Active Directory 用户和计算机"查看运行 Windows 2000 主域控制器的服务器属性。将打开的对话框拷屏，以文件名 6-18-1.gif 保存到考生文件夹。

2. **查看与服务器连接的用户**：在"计算机管理"窗口内打开"会话"，然后将打开的窗口拷屏，以文件名 6-18-2.gif 保存到考生文件夹。

3. **查看共享资源**：在"计算机管理"窗口内打开"共享"，然后将打开的窗口拷屏，以文件名 6-18-3.gif 保存到考生文件夹。

4. **查看打开文件**：在"计算机管理"窗口内打开"打开文件"，然后将打开的窗口拷屏，以文件名 6-18-4.gif 保存到考生文件夹。

5. **设置服务器警报**：在"计算机管理"窗口内，输入表 6-18-1 中警报的内容，将设置后的对话框拷屏，以文件名 6-18-5.gif、6-18-6.gif 保存到考生文件夹。

表 6-18-1 设置服务器警报

属性	值
名称	内存
计数器	Memory\Avalilable MBytes
触发警报	"低于" "10"
发送网络信息到	SONG_ZHIKUN@sohu.com

6. **新建共享文件夹**：在"计算机管理"窗口内打开"创建共享文件夹"对话框，输入表 6-18-2 中共享文件夹的属性，将设置后的对话框拷屏，以文件名 6-18-7.gif、6-18-8.gif 保存到考生文件夹。

表 6-18-2 设置共享文件夹

属性	值
共享的文件夹	D:\testuser\user06-18
共享名	UNION06-18
共享描述	共享 06-18 号
共享权限	管理员有完全控制权限；其他用户有只读访问权限

7. **向用户发送消息**：打开"发送控制台消息"对话框，在"消息"框内输入"请于今天下午到管理中心来。"，收件人指定为"WIN2K01"，将设置后的对话框拷屏，以文件名 6-18-9.gif 保存到考生文件夹。

8. **管理服务**：打开"服务"对话框，选中"Server"服务，打开"属性"对话框，在对话框中按表 6-18-3 所示设置，将设置后的对话框拷屏，以文件名 6-18-10.gif、6-18-11.gif 保存到考生文件夹。

表 6-18-3 设置服务属性

属性	值
常规	启动类型：自动
依存关系	查看

6.19　第 19 题

【操作要求】

1. **服务器属性**：使用"Active Directory 用户和计算机"查看运行 Windows 2000 主域控制器的服务器属性。将打开的对话框拷屏，以文件名 6-19-1.gif 保存到考生文件夹。

2. **查看与服务器连接的用户**：在"计算机管理"窗口内打开"会话"，然后将打开的窗口拷屏，以文件名 6-19-2.gif 保存到考生文件夹。

3. **查看共享资源**：在"计算机管理"窗口内打开"共享"，然后将打开的窗口拷屏，以文件名 6-19-3.gif 保存到考生文件夹。

4. **查看打开文件**：在"计算机管理"窗口内打开"打开文件"，然后将打开的窗口拷屏，以文件名 6-19-4.gif 保存到考生文件夹。

5. **设置服务器警报**：在"计算机管理"窗口内，输入表 6-19-1 中警报的内容，将设置后的对话框拷屏，以文件名 6-19-5.gif、6-19-6.gif 保存到考生文件夹。

表 6-19-1　设置服务器警报

属性	值	
名称	硬盘	
计数器	PhysicalDisk(Total)\\%DiskTime	
触发警报	"超过"	"8000"
发送网络信息到	Song_zhikun@sohu.com	

6. **新建共享文件夹**：在"计算机管理"窗口内打开"创建共享文件夹"对话框，输入表 6-19-2 中共享文件夹的属性，将设置后的对话框拷屏，以文件名 6-19-7.gif、6-19-8.gif 保存到考生文件夹。

表 6-19-2　设置共享文件夹

属性	值
共享的文件夹	H:\testuser\user0619
共享名	User0619
共享描述	用户 0619 的文件夹
共享权限	管理员有完全控制权限；其他用户没有访问权限

7. **向用户发送消息**：打开"发送控制台消息"对话框，在"消息"框内输入"今天下午 3：00 召开全体用户会议，请准时参加。"，收件人指定为"WIN2K01；WIN2K02；WIN2K03"，将设置后的对话框拷屏，以文件名 6-19-9.gif 保存到考生文件夹。

8. **管理服务**：打开"服务"对话框，选中"System Event Notification"服务，打开"属性"对话框，在对话框中按表 6-19-3 所示设置，将设置后的对话框拷屏，以文件名 6-19-10.gif、6-19-11.gif 保存到考生文件夹。

表 6-19-3　设置服务属性

属性	值
常规	启动类型：自动
依存关系	查看

6.20　第20题

【操作要求】

1. **服务器属性**：使用"Active Directory 用户和计算机"查看运行 Windows 2000 主域控制器的服务器属性。将打开的对话框拷屏，以文件名 6-20-1.gif 保存到考生文件夹。

2. **查看与服务器连接的用户**：在"计算机管理"窗口内打开"会话"，然后将打开的窗口拷屏，以文件名 6-20-2.gif 保存到考生文件夹。

3. **查看共享资源**：在"计算机管理"窗口内打开"共享"，然后将打开的窗口拷屏，以文件名 6-20-3.gif 保存到考生文件夹。

4. **查看打开文件**：在"计算机管理"窗口内打开"打开文件"，然后将打开的窗口拷屏，以文件名 6-20-4.gif 保存到考生文件夹。

5. **设置服务器警报**：在"计算机管理"窗口内，输入表 6-20-1 中警报的内容，将设置后的对话框拷屏，以文件名 6-20-5.gif、6-20-6.gif 保存到考生文件夹。

表 6-20-1　设置服务器警报

属性	值
名称	硬盘
计数器	PhysicalDisk(Total)\\%DiskTime
触发警报	"超过"　　　　"8000"
发送网络信息到	010-69732501

6. **新建共享文件夹**：在"计算机管理"窗口内打开"创建共享文件夹"对话框，输入表 6-20-2 中共享文件夹的属性，将设置后的对话框拷屏，以文件名 6-20-7.gif、6-20-8.gif 保存到考生文件夹。

表 6-20-2　设置共享文件夹

属性	值
共享的文件夹	D:\testuser\user06~20
共享名	用户 06~20
共享描述	用户 06~20 的共享
共享权限	自定义共享和文件夹权限

7. **向用户发送消息**：打开"发送控制台消息"对话框，在"消息"框内输入"你打开的文件过多，请关闭一些不用的文件"，收件人指定为"WIN2K03"，将设置后的对话框拷屏，以文件名 6-20-9.gif 保存到考生文件夹。

8. **管理服务**：打开"服务"对话框，选中"Telnet"服务，打开"属性"对话框，在对话框中按表 6-20-3 所示设置，将设置后的对话框拷屏，以文件名 6-20-10.gif、6-20-11.gif 保存到考生文件夹。

表 6-20-3　设置服务属性

属性	值
常规	启动类型：手动
依存关系	查看

第七单元　Windows 2000 服务器资源

7.1　第 1 题

【操作要求】

1. **设置共享资源属性**：将文件夹 D:\testuser\user07-01 设为共享，共享名为 user07-01，用户数限制设置为"最多用户"。将设置后的对话框（如图 7-1-1 所示）拷屏，以文件名 7-1-1.gif 保存到考生文件夹。

2. **设置共享资源权限**：为共享资源 user07-01 添加组 Users，同时将其权限设置为"更改"、"读取"。将设置后的对话框（如图 7-1-2 所示）拷屏，以文件名 7-1-2.gif 保存到考生文件夹。

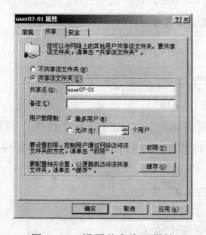

图 7-1-1　设置共享资源属性

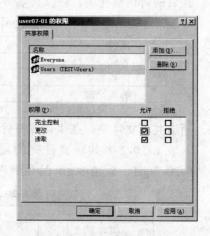

图 7-1-2　设置共享资源权限

3. **设置本地安全权限**：为共享资源 user07-01 添加 Users 组，设置为允许"读取及运行"、"列出文件夹目录"、"读取"。将设置后的对话框（如图 7-1-3 所示）拷屏，以文件名 7-1-3.gif 保存到考生文件夹。

4. **设置本地安全高级属性**：设置 Users 组的资源访问权限属性设为允许"遍历文件夹/运行文件"、"列出文件夹/读取数据"、"读取属性"、"读取扩展属性"、"创建文件/写入数据"、"创建文件夹/附加数据"、"读取权限"。将设置后的对话框（如图 7-1-4 所示）拷屏，以文件名 7-1-4.gif 保存到考生文件夹。

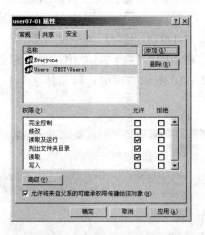

图 7-1-3　设置本地安全权限

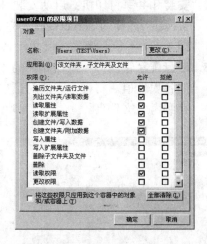

图 7-1-4　设置本地安全高级属性

5. **设置本地安全审核：** 设置 Users 组的访问资源时的审核项目如表 7-1-1。将设置后的对话框（如图 7-1-5 所示）拷屏，以文件名 7-1-5.gif 保存到考生文件夹。

表 7-1-1　安全审核属性

属性	值
组	Users
遍历文件夹/运行文件	成功，失败
列出文件夹/读取数据	成功
创建文件/写入数据	成功
创建文件夹/附加数据	成功，失败
读取权限	成功

6. **创建磁盘分区：** 在"磁盘管理"中选定"可用空间"，使用创建磁盘分区向导，设置分区大小为"最大磁盘空间"，设置指派驱动器号和路径为 D:\testuser\user07-01；格式化分区设置为"不要格式化这个磁盘分区"。将设置后的对话框拷屏，以文件名 7-1-6.gif、7-1-7.gif 保存到考生文件夹。

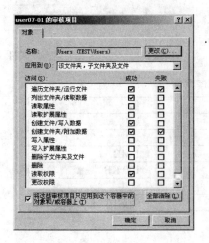

图 7-1-5　设置安全审核属性

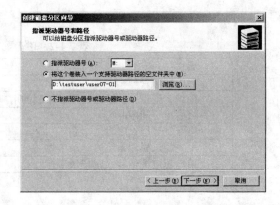

图 7-1-6　设置磁盘分区路径

7. **安装和共享打印机**：启动安装打印机向导，设置打印机共享为 HPLaserJ.2；位置为 Server；注释为 ServerPeak，完成打印机的安装。将设置后的对话框（如图 7-1-8、图 7-1-9 所示）拷屏，以文件名 7-1-8.gif、7-1-9.gif 保存到考生文件夹。

8. **磁盘配额管理**：在磁盘属性的"配额"选项卡中，按表 7-1-2 中的值设定磁盘配额的各属性值。将设置后的对话框（如图 7-1-10 所示）拷屏，以文件名 7-1-10.gif 保存到考生文件夹。

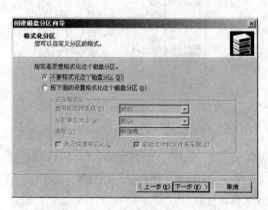

图 7-1-7　设置格式化分区方式

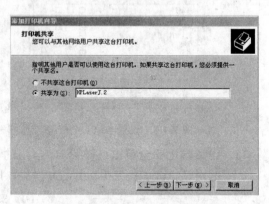

图 7-1-8　设置打印机的共享名

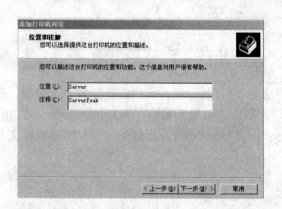

图 7-1-9　设置共享打印机的位置及注释

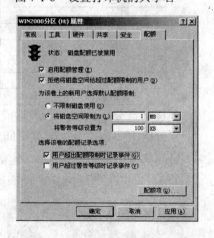

图 7-1-10　设置磁盘配额管理属性

表 7-1-2　磁盘配额管理属性

属性	值
启用配额管理	选中
拒绝将磁盘空间给超过配额限制的用户	选中
将磁盘空间限制为	1 MB
将警告等级设定为	100 KB
用户超过配额限制时记录事件	选中
用户超过警告等级时记录事件	未选中

7.2 第 2 题

【操作要求】

1. **设置共享资源属性**：将文件夹 D:\testuser\user07_02 设为共享，共享名为 user07_02，用户数限制设置为允许 10 个用户。将设置后的对话框拷屏，以文件名 7-2-1.gif 保存到考生文件夹。

2. **设置共享资源权限**：为共享资源 user07_02 修改组 everyone 的权限，设置为"读取"。将设置后的对话框拷屏，以文件名 7-2-2.gif 保存到考生文件夹。

3. **设置本地安全权限**：为共享资源 user07_02 设置允许 Administrators 组"读取及运行"、"列出文件夹目录"、"读取"、"写入"。将设置后的对话框拷屏，以文件名 7-2-3.gif 保存到考生文件夹。

4. **设置本地安全高级属性**：为共享资源 user07_02 设置 Administrators 组的资源访问权限属性，将其设置为允许除"取得所有权"外的所有权限，并选中"将这些权限只应用到这个容器中的对象和/或容器上"。将设置后的对话框拷屏，以文件名 7-2-4.gif 保存到考生文件夹。

5. **设置本地安全审核**：设置 Administrators 组的访问资源时审核"取得所有权"的成功、失败的操作，选中"将这些权限只应用到这个容器中的对象和/或容器上"。将设置后的对话框拷屏，以文件名 7-2-5.gif 保存到考生文件夹。

6. **创建磁盘分区**：在"磁盘管理"中选定"可用空间"，按表 7-2-1 的值设置新创建分区的属性。将设置后的对话框拷屏，以文件名 7-2-6.gif、7-2-7.gif 保存到考生文件夹。

表 7-2-1　新建磁盘分区属性

属性		值
将这个卷装入一个支持驱动器路径的空文件夹中		D:\testuser\user07_02
格式化分区	使用的文件系统	NTFS
	分配单位大小	512
	卷标	新加卷
	执行快速格式化	选中

7. **安装和共享打印机**：启动安装打印机向导，将打印机共享为 Printer02，位置为 Printer At WIN2K Server，注释为 The EPSON EPL5200 for local Users，完成打印机的安装。将设置后的对话框拷屏，以文件名 7-2-8.gif、7-2-9.gif 保存到考生文件夹。

8. **磁盘配额管理**：在磁盘属性的"配额"选项卡中，按表 7-2-2 中的值设定磁盘配额的各属性值。将设置后的对话框拷屏，以文件名 7-2-10.gif 保存到考生文件夹。

表 7-2-2　磁盘配额管理属性

属性	值
启用配额管理	选中
拒绝将磁盘空间给超过配额限制的用户	未选中
将磁盘空间限制为	20 MB
将警告等级设定为	1 MB
用户超过配额限制时记录事件	选中
用户超过警告等级时记录事件	选中

7.3　第 3 题

【操作要求】

1. **设置共享资源属性**：将文件夹 D:\testuser\user07.03 设为共享，共享名为"user07.03"，用户数限制设为最多用户。将设置后的对话框拷屏，以文件名 7-3-1.gif 保存到考生文件夹。

2. **设置共享资源权限**：为共享资源 user07.03 添加组 Backup Operators，将其权限设置为"更改"、"读取"。将设置后的对话框拷屏，以文件名 7-3-2.gif 保存到考生文件夹。

3. **设置本地安全权限**：为共享资源 user07.03 添加 Backup Operators 组，并将权限设置为完全控制。将设置后的对话框拷屏，以文件名 7-3-3.gif 保存到考生文件夹。

4. **设置本地安全高级属性**：为共享资源 user07.03 设置 Backup Operators 组的资源访问权限属性为允许所有权限。将设置后的对话框拷屏，以文件名 7-3-4.gif 保存到考生文件夹。

5. **设置本地安全审核**：审核 Backup Operators 组对资源的读取权限、更改权限、取得所有权的成功、失败访问。将设置后的对话框拷屏，以文件名 7-3-5.gif 保存到考生文件夹。

6. **创建磁盘分区**：在"磁盘管理"中选定"可用空间"，按表 7-3-1 的值设置新创建分区的属性。将设置后的对话框拷屏，以文件名 7-3-6.gif、7-3-7.gif 保存到考生文件夹。

表 7-3-1　新建磁盘分区属性

属性		值
将这个卷装入一个支持驱动器路径的空文件夹中		D:\testuser\User07.03
格式化分区	使用的文件系统	NTFS
	分配单位大小	512
	卷标	新加卷
	执行快速格式化	未选中
	启动文件和文件夹压缩	未选中

7. **安装和共享打印机**：启动安装打印机向导，设置打印机共享为 EpsonPrint03，位置为 Printer At WIN2K Server，注释为 The EPSON EPL5200 for Replication Users，完成打印机的安装。将设置后的对话框拷屏，以文件名 7-3-8.gif、7-3-9.gif 保存到考生文件夹。

8. **磁盘配额管理**：在磁盘属性的"配额"选项卡中，按表 7-3-2 中的值设定磁盘配额的各属性值。将设置后的对话框拷屏，以文件名 7-3-10.gif 保存到考生文件夹。

表 7-3-2　磁盘配额管理属性

属性	值
启用配额管理	选中
拒绝将磁盘空间给超过配额限制的用户	未选中
将磁盘空间限制为	1 MB
将警告等级设定为	100 KB
用户超过配额限制时记录事件	选中
用户超过警告等级时记录事件	选中

7.4　第4题

【操作要求】

1. **设置共享资源属性**：将文件夹 D:\testuser\user0704 设为共享，共享名为 user0704，用户数限制设为允许 1 个用户。将设置后的对话框拷屏，以文件名 7-4-1.gif 保存到考生文件夹。

2. **设置共享资源权限**：为共享资源 user0704 添加组 Replicator，同时将其权限设置为完全控制。将设置后的对话框拷屏，以文件名 7-4-2.gif 保存到考生文件夹。

3. **设置本地安全权限**：为共享资源 user0704 设置允许 Replicator 组"读取及运行"、"列出文件夹目录"、"读取"。将设置后的对话框拷屏，以文件名 7-4-3.gif 保存到考生文件夹。

4. **设置本地安全高级属性**：设置 Replicator 组的资源访问权限为允许"遍历文件夹/运行文件"、"列出文件夹/读取数据"、 读取属性"、"读取扩展属性"、"读取权限"。将设置后的对话框拷屏，以文件名 7-4-4.gif 保存到考生文件夹。

5. **设置本地安全审核**：设置 Replicator 组的资源访问审核所有成功、失败的"遍历文件夹/运行文件"、"列出文件夹/读取数据"、"创建文件夹/附加数据"、"删除子文件夹及文件操作"。将设置后的对话框拷屏，以文件名 7-4-5.gif 保存到考生文件夹。

6. **创建磁盘分区**：在"磁盘管理"中选定"可用空间"，按表 7-4-1 的值设置新创建分区的属性。将设置后的对话框拷屏，以文件名 7-4-6.gif、7-4-7.gif 保存到考生文件夹。

表 7-4-1　新建磁盘分区属性

属性		值
指派驱动器号		O:
格式化分区	使用的文件系统	NTFS
	分配单位大小	512
	卷标	新加卷
	执行快速格式化	未选中
	启动文件和文件夹压缩	选中

7. **安装和共享打印机**：启动安装打印机向导，设置打印机共享为 Agpha04printer，位置为 Printer At Server，注释为 The EPSON EPL5200 for Replication Users，完成打印机的安装。将设置后的对话框拷屏，以文件名 7-4-8.gif、7-4-9.gif 保存到考生文件夹。

8. **磁盘配额管理**：在磁盘属性的"配额"选项卡中，按表 7-4-2 中的值设定磁盘配额的各属性值。将设置后的对话框拷屏，以文件名 7-4-10.gif 保存到考生文件夹。

表 7-4-2　磁盘配额管理属性

属性	值
启用配额管理	选中
拒绝将磁盘空间给超过配额限制的用户	选中
将磁盘空间限制为	20 MB
将警告等级设定为	2 MB
用户超过配额限制时记录事件	选中
用户超过警告等级时记录事件	选中

7.5　第 5 题

【操作要求】

1. **设置共享资源属性**：将文件夹 D:\testuser\user07~05 设为共享，共享名为 user07~05，用户数限制为最多用户。将设置后的对话框拷屏，以文件名 7-5-1.gif 保存到考生文件夹。

2. **设置共享资源权限**：为共享资源 user07~05 添加组 everyone，同时将其权限设置为完全控制。将设置后的对话框拷屏，以文件名 7-5-2.gif 保存到考生文件夹。

3. **设置本地安全权限**：为共享资源 user07~05 设置允许 everyone 组用户所有权限。将设置后的对话框拷屏，以文件名 7-5-3.gif 保存到考生文件夹。

4. **设置本地安全高级属性**：设置 everyone 组访问资源的权限为允许所有。将设置后的对话框拷屏，以文件名 7-5-4.gif 保存到考生文件夹。

5. **设置本地安全审核**：设置审核 everyone 组访问资源的读取属性、写入属性、读取权限、更改权限、取得所有权的成功、失败操作。将设置后的对话框拷屏，以文件名 7-5-5.gif 保存到考生文件夹。

6. **创建磁盘分区**：在"磁盘管理"中选定"可用空间"，按表 7-5-1 的值设置新创建分区的属性。将设置后的对话框拷屏，以文件名 7-5-6.gif、7-5-7.gif 保存到考生文件夹。

表 7-5-1　新建磁盘分区属性

属性		值
指派驱动器号		U:
格式化分区	使用的文件系统	NTFS
	分配单位大小	默认
	卷标	新加卷
	执行快速格式化	未选中
	启动文件和文件夹压缩	选中

7. **安装和共享打印机**：启动安装打印机向导，设置打印机共享为 LocalServerPrinter05，位置为 Workstation01 Printer，注释为 The EPSON EPL5200 for Everyone，完成打印机的安装。将设置后的对话框拷屏，以文件名 7-5-8.gif、7-5-9.gif 保存到考生文件夹。

8. **磁盘配额管理**：在磁盘属性的"配额"选项卡中，按表 7-5-2 中的值设定磁盘配额的各属性值。将设置后的对话框拷屏，以文件名 7-5-10.gif 保存到考生文件夹。

表 7-5-2　磁盘配额管理属性

属性	值
启用配额管理	选中
拒绝将磁盘空间给超过配额限制的用户	未选中
将磁盘空间限制为	5 MB
将警告等级设定为	1 MB
用户超过配额限制时记录事件	选中
用户超过警告等级时记录事件	选中

7.6　第 6 题

【操作要求】

1. **设置共享资源属性**：将文件夹 D:\testuser\user07!06 设为共享，共享名为 user07!06，用户数限制为允许 5 个用户。将设置后的对话框拷屏，以文件名 7-6-1.gif 保存到考生文件夹。

2. **设置共享资源权限**：为共享资源 user07!06 添加组 everyone，将其权限设置为读取。将设置后的对话框拷屏，以文件名 7-6-2.gif 保存到考生文件夹。

3. **设置本地安全权限**：为共享资源 user07!06 设置允许 everyone 组"读取及运行"、"列出文件夹目录"、"读取"的权限。将设置后的对话框拷屏，以文件名 7-6-3.gif 保存到考生文件夹。

4. **设置本地安全高级属性**：允许 everyone 组"遍历文件夹/运行文件"、"列出文件夹/读取数据"、"读取属性"、"读取扩展属性"、"读取权限"的资源访问权限属性。将设置后的对话框拷屏，以文件名 7-6-4.gif 保存到考生文件夹。

5. **设置本地安全审核**：审核 everyone 组对资源进行"遍历文件夹/运行文件"、"列出文件夹/读取数据"、"读取属性"、"读取扩展属性"、"读取权限"访问的成功、失败操作。将设置后的对话框拷屏，以文件名 7-6-5.gif 保存到考生文件夹。

6. **创建磁盘分区**：在"磁盘管理"中选定"可用空间"，按表 7-6-1 的值设置新创建分区的属性。将设置后的对话框拷屏，以文件名 7-6-6.gif、7-6-7.gif 保存到考生文件夹。

表 7-6-1　新建磁盘分区属性

属性		值
指派驱动器号		Z:
格式化分区	使用的文件系统	NTFS
	分配单位大小	默认
	卷标	新加卷
	执行快速格式化	选中
	启动文件和文件夹压缩	选中

7. **安装和共享打印机**：启动安装打印机向导，设置打印机共享为 WIN2Kprinter06，位置为 Workstation01 Printer，注释为 The EPSON EPL5200 for All Users，完成打印机的安装。将设置后的对话框拷屏，以文件名 7-6-8.gif、7-6-9.gif 保存到考生文件夹。

8. **磁盘配额管理**：在磁盘属性的"配额"选项卡中，按表 7-6-2 中的值设定磁盘配额的各属性值。将设置后的对话框拷屏，以文件名 7-6-10.gif 保存到考生文件夹。

表 7-6-2　磁盘配额管理属性

属性	值
启用配额管理	选中
拒绝将磁盘空间给超过配额限制的用户	未选中
将磁盘空间限制为	10 MB
将警告等级设定为	1 MB
用户超过配额限制时记录事件	选中
用户超过警告等级时记录事件	选中

7.7　第 7 题

【操作要求】

1. **设置共享资源属性**：将文件夹 D:\testuser\user7-07 设为共享，共享名为 user7-07，用户数限制为允许 3 个用户。将设置后的对话框拷屏，以文件名 7-7-1.gif 保存到考生文件夹。

2. **设置共享资源权限**：为共享资源 user7-07 添加组 Administrators，将其权限设置为完全控制。将设置后的对话框拷屏，以文件名 7-7-2.gif 保存到考生文件夹。

3. **设置本地安全权限**：为共享资源 user7-07 设置允许 Administraotrs 组所有权限。将设置后的对话框拷屏，以文件名 7-7-3.gif 保存到考生文件夹。

4. **设置本地安全高级属性**：设置 Administrators 组允许访问资源的所有权限，同时选中"将这些权限只应用到这个容器中的对象和/或容器上"。将设置后的对话框拷屏，以文件名 7-7-4.gif 保存到考生文件夹。

5. **设置本地安全审核**：审核 Administrators 组所有失败的操作。将设置后的对话框拷屏，以文件名 7-7-5.gif 保存到考生文件夹。

6. **创建磁盘分区**：在"磁盘管理"中选定"可用空间"，按表 7-7-1 的值设置新创建分区的属性。将设置后的对话框拷屏，以文件名 7-7-6.gif、7-7-7.gif 保存到考生文件夹。

表 7-7-1　新建磁盘分区属性

属性		值
指派驱动器号		Z:
格式化分区	使用的文件系统	NTFS
	分配单位大小	512
	卷标	新加卷
	执行快速格式化	选中
	启动文件和文件夹压缩	选中

7. **安装和共享打印机**：启动安装打印机向导，设置打印机共享为 WIN2K07print，位置为 Workstation01 Printer，注释为 The EPSON EPL5200 for local Users，完成打印机的安装。将设置后的对话框拷屏，以文件名 7-7-8.gif、7-7-9.gif 保存到考生文件夹。

8. **磁盘配额管理**：在磁盘属性的"配额"选项卡中，按表 7-7-2 中的值设定磁盘配额的各属性值。将设置后的对话框拷屏，以文件名 7-7-10.gif 保存到考生文件夹。

表 7-7-2　磁盘配额管理属性

属性	值
启用配额管理	选中
拒绝将磁盘空间给超过配额限制的用户	选中
将磁盘空间限制为	8 MB
将警告等级设定为	2 MB
用户超过配额限制时记录事件	未选中
用户超过警告等级时记录事件	未选中

7.8 第 8 题

【操作要求】

1. **设置共享资源属性**：将文件夹 D:\testuser\user07-08 设为共享，共享名为 user07-08，用户数限制为最多用户。将设置后的对话框拷屏，以文件名 7-8-1.gif 保存到考生文件夹。

2. **设置共享资源权限**：为共享资源 user07-08 添加组 Users，同时将其权限设置为读取。将设置后的对话框拷屏，以文件名 7-8-2.gif 保存到考生文件夹。

3. **设置本地安全权限**：为共享资源 user07-08 设置允许 Users 组读取及运行、列出文件夹目录、读取等权限。将设置后的对话框拷屏，以文件名 7-8-3.gif 保存到考生文件夹。

4. **设置本地安全高级属性**：设置允许 Users 组遍历文件夹/运行文件、列出文件夹/读取权限、读取属性、读取扩展属性、读取权限等资源访问权限。将设置后的对话框拷屏，以文件名 7-8-4.gif 保存到考生文件夹。

5. **设置本地安全审核**：设置审核 Users 组的所有资源访问。将设置后的对话框拷屏，以文件名 7-8-5.gif 保存到考生文件夹。

6. **创建磁盘分区**：在"磁盘管理"中选定"可用空间"，按表 7-8-1 的值设置新创建分区的属性。将设置后的对话框拷屏，以文件名 7-8-6.gif、7-8-7.gif 保存到考生文件夹。

表 7-8-1　新建磁盘分区属性

属性		值
指派驱动器号		X:
格式化分区	使用的文件系统	NTFS
	分配单位大小	默认
	卷标	新加卷
	执行快速格式化	未选中
	启动文件和文件夹压缩	未选中

7. **安装和共享打印机**：启动安装打印机向导，设置打印机共享为 Printer08Server，位置为 Workstation01 Printer，注释为 The EPSON EPL5200 for local Users，完成打印机安装。将设置后的对话框拷屏，以文件名 7-8-8.gif、7-8-9.gif 保存到考生文件夹。

8. **磁盘配额管理**：在 D 盘属性的"配额"选项卡中，按表 7-8-2 中的值设定磁盘配额的各属性值。将设置后的对话框拷屏，以文件名 7-8-10.gif 保存到考生文件夹。

表 7-8-2　磁盘配额管理属性

属性	值
启用配额管理	选中
拒绝将磁盘空间给超过配额限制的用户	未选中
将磁盘空间限制为	1 MB
将警告等级设定为	100 KB
用户超过配额限制时记录事件	选中
用户超过警告等级时记录事件	未选中

7.9 第 9 题

【操作要求】

1. **设置共享资源属性**：将文件夹 D:\testuser\user07.09 设为共享，共享名为 user07.09，用户数限制为允许 10 个用户。将设置后的对话框拷屏，以文件名 7-9-1.gif 保存到考生文件夹。

2. **设置共享资源权限**：为共享资源 user07.09 添加组 Guests，将其权限设置为"读取"。将设置后的对话框拷屏，以文件名 7-9-2.gif 保存到考生文件夹。

3. **设置本地安全权限**：为共享资源 user07.09 设置允许 Guests 组"读取"、"写入"权限。将设置后的对话框拷屏，以文件名 7-9-3.gif 保存到考生文件夹。

4. **设置本地安全高级属性**：设置允许 Guests 组"列出文件夹/读取权限"、"读取属性"、"读取扩展属性"、"创建文件/写入数据"、"创建文件夹/附加数据"、"写入属性"、"写入扩展属性"、"读取权限"等资源访问权限。将设置后的对话框拷屏，以文件名 7-9-4.gif 保存到考生文件夹。

5. **设置本地安全审核**：设置审核 Guests 组的对资源进行的读取权限、更改权限的成功、失败访问。将设置后的对话框拷屏，以文件名 7-9-5.gif 保存到考生文件夹。

6. **创建磁盘分区**：在"磁盘管理"中选定"可用空间"，按表 7-9-1 的值设置新创建分区的属性。将设置后的对话框拷屏，以文件名 7-9-6.gif、7-9-7.gif 保存到考生文件夹。

表 7-9-1 新建磁盘分区属性

属性		值
指派驱动器号		X:
格式化分区	使用的文件系统	NTFS
	分配单位大小	1024
	卷标	NEW-DISK
	执行快速格式化	未选中
	启动文件和文件夹压缩	未选中

7. **安装和共享打印机**：启动安装打印机向导，设置打印机共享为 printserver09，位置为 Workstation01 Printer，注释为 The EPSON EPL5200 forGlobell Users，完成打印机的安装。将设置后的对话框拷屏，以文件名 7-9-8.gif、7-9-9.gif 保存到考生文件夹。

8. **磁盘配额管理**：在磁盘属性的"配额"选项卡中，按表 7-9-2 中的值设定磁盘配额的各属性值。将设置后的对话框拷屏，以文件名 7-9-10.gif 保存到考生文件夹。

表 7-9-2 磁盘配额管理属性

属性	值
启用配额管理	选中
拒绝将磁盘空间给超过配额限制的用户	未选中
将磁盘空间限制为	20 MB
将警告等级设定为	8 MB
用户超过配额限制时记录事件	未选中
用户超过警告等级时记录事件	未选中

7.10 第 10 题

【操作要求】

1. **设置共享资源属性**：将文件夹 D:\testuser\user07_10 设为共享，共享名为 user07_10，用户数限制为允许 1 个用户。将设置后的对话框拷屏，以文件名 7-10-1.gif 保存到考生文件夹。

2. **设置共享资源权限**：为共享资源 user07_10 添加组 Backup Operators，同时将其权限设置为"更改"、"读取"。将设置后的对话框拷屏，以文件名 7-10-2.gif 保存到考生文件夹。

3. **设置本地安全权限**：为共享资源 user07_10 设置允许 Backup Operators 组"修改"、"读取及运行"、"列出文件夹目录"、"读取"、"写入"等权限。将设置后的对话框拷屏，以文件名 7-10-3.gif 保存到考生文件夹。

4. **设置本地安全高级属性**：设置允许 Backup Operators 组"遍历文件夹/运行文件"、"列出文件夹/读取权限"、"读取属性"、"读取扩展属性"、"创建文件/写入数据"、"创建文件夹/附加数据"、"写入属性"、"写入扩展属性"、"删除"、"读取权限"等资源访问权限。将设置后的对话框拷屏，以文件名 7-10-4.gif 保存到考生文件夹。

5. **设置本地安全审核**：设置审核 Backup Operators 组对资源进行的删除子文件夹及文件、更改权限、取得所有权的成功、失败访问。将设置后的对话框拷屏，以文件名 7-10-5.gif 保存到考生文件夹。

6. **创建磁盘分区**：在"磁盘管理"中选定"可用空间"，按表 7-10-1 的值设置新创建分区的属性。将设置后的对话框拷屏，以文件名 7-10-6.gif、7-10-7.gif 保存到考生文件夹。

表 7-10-1 新建磁盘分区属性

属性		值
指派驱动器号		S:
格式化分区	使用的文件系统	NTFS
	分配单位大小	1024
	卷标	NEW-DISK
	执行快速格式化	选中
	启动文件和文件夹压缩	未选中

7. **安装和共享打印机**：启动安装打印机向导，设置打印机共享为 PrintS10，位置为 WIN2K02 Printer，注释为 The EPSON LQ1600KII forGlobel Users，完成打印机的安装。将设置后的对话框拷屏，以文件名 7-10-8.gif、7-10-9.gif 保存到考生文件夹。

8. **磁盘配额管理**：在磁盘属性的"配额"选项卡中，按表 7-10-2 中的值设定磁盘配额的各属性值。将设置后的对话框拷屏，以文件名 7-10-10.gif 保存到考生文件夹。

表 7-10-2　磁盘配额管理属性

属性	值
启用配额管理	选中
拒绝将磁盘空间给超过配额限制的用户	选中
将磁盘空间限制为	20 MB
将警告等级设定为	10 MB
用户超过配额限制时记录事件	选中
用户超过警告等级时记录事件	未选中

7.11　第 11 题

【操作要求】

1. **设置共享资源属性**：将文件夹 D:\testuser\user0711 设为共享，共享名为 user0711，用户数限制设为最多用户。将设置后的对话框拷屏，以文件名 7-11-1.gif 保存到考生文件夹。

2. **设置共享资源权限**：为共享资源 user0711 添加组 Replicator，同时将其权限设置为完全控制。将设置后的对话框拷屏，以文件名 7-11-2.gif 保存到考生文件夹。

3. **设置本地安全权限**：为共享资源 user0711 设置允许 Replicator 组完全控制权限。将设置后的对话框拷屏，以文件名 7-11-3.gif 保存到考生文件夹。

4. **设置本地安全高级属性**：设置允许 Users 组所有资源访问权限。将设置后的对话框拷屏，以文件名 7-11-4.gif 保存到考生文件夹。

5. **设置本地安全审核**：设置审核 Replicator 组对资源进行的所有的成功、失败访问。将设置后的对话框拷屏，以文件名 7-11-5.gif 保存到考生文件夹。

6. **创建磁盘分区**：在"磁盘管理"中选定"可用空间"，按表 7-11-1 的值设置新创建分区的属性。将设置后的对话框拷屏，以文件名 7-11-6.gif、7-11-7.gif 保存到考生文件夹。

表 7-11-1　新建磁盘分区属性

属性		值
指派驱动器号		S:
格式化分区	使用的文件系统	NTFS
	分配单位大小	1024
	卷标	NEW-DISK
	执行快速格式化	选中
	启动文件和文件夹压缩	选中

7. **安装和共享打印机**：启动安装打印机向导，设置打印机共享为 Printer11，位置为 WIN2K02 Printer，注释为 The EPSON LQ1600KII for Local Users，完成打印机的安装。将设置后的对话框拷屏，以文件名 7-11-8.gif、7-11-9.gif 保存到考生文件夹。

8. **磁盘配额管理**：在磁盘属性的"配额"选项卡中，按表 7-11-2 中的值设定磁盘配额的各属性值。将设置后的对话框拷屏，以文件名 7-11-10.gif 保存到考生文件夹。

表 7-11-2　磁盘配额管理属性

属性	值
启用配额管理	选中
拒绝将磁盘空间给超过配额限制的用户	选中
将磁盘空间限制为	30 MB
将警告等级设定为	15 MB
用户超过配额限制时记录事件	未选中
用户超过警告等级时记录事件	选中

7.12　第 12 题

【操作要求】

1. **设置共享资源属性**：将文件夹 D:\testuser\user07-12 设为共享，共享名为 user07-12，用户数限制为允许 2 个用户。将设置后的对话框拷屏，以文件名 7-12-1.gif 保存到考生文件夹。

2. **设置共享资源权限**：为共享资源 user07-12 添加组 Server Operators，同时将其权限设置为读取。将设置后的对话框拷屏，以文件名 7-12-2.gif 保存到考生文件夹。

3. **设置本地安全权限**：为共享资源 user07-12 设置允许 Server Operators 组"列出文件夹目录"、"读取"、"写入"等权限。将设置后的对话框拷屏，以文件名 7-12-3.gif 保存到考生文件夹。

4. **设置本地安全高级属性**：设置允许 Server Operators 组"遍历文件夹/运行文件"、"列出文件夹/读取权限"、"读取属性"、"读取扩展属性"、"读取权限"等资源访问权限。将设置后的对话框拷屏，以文件名 7-12-4.gif 保存到考生文件夹。

5. **设置本地安全审核**：设置审核 Server Operators 组对资源进行的"创建文件/写入数据"、"创建文件夹/附加数据"、"删除子文件夹及文件"的成功、失败访问。将设置后的对话框拷屏，以文件名 7-12-5.gif 保存到考生文件夹。

6. **创建磁盘分区**：在"磁盘管理"中选定"可用空间"，按表 7-12-1 的值设置新创建分区的属性。将设置后的对话框拷屏，以文件名 7-12-6.gif、7-12-7.gif 保存到考生文件夹。

表 7-12-1　新建磁盘分区属性

属性		值
指派驱动器号		S:
格式化分区	使用的文件系统	NTFS
	分配单位大小	1024
	卷标	NEW-DISK
	执行快速格式化	未选中
	启动文件和文件夹压缩	选中

7. **安装和共享打印机**：启动安装打印机向导，设置打印机共享为 Pserver12，位置为 WIN2K02 Printer，注释为 The EPSON LQ1600KII forEveryone，完成打印机的安装。将设置后的对话框拷屏，以文件名 7-12-8.gif、7-12-9.gif 保存到考生文件夹。

8. **磁盘配额管理**：在磁盘属性的"配额"选项卡中，按表 7-12-2 中的值设定磁盘配额的各属性值。将设置后的对话框拷屏，以文件名 7-12-10.gif 保存到考生文件夹。

表 7-12-2　磁盘配额管理属性

属性	值
启用配额管理	选中
拒绝将磁盘空间给超过配额限制的用户	未选中
将磁盘空间限制为	40 MB
将警告等级设定为	20 MB
用户超过配额限制时记录事件	选中
用户超过警告等级时记录事件	选中

7.13 第 13 题

【操作要求】

1. **设置共享资源属性**：将文件夹 D:\testuser\user07-13 设为共享，共享名为 user07-13，用户数限制为允许 99 个用户。将设置后的对话框拷屏，以文件名 7-13-1.gif 保存到考生文件夹。

2. **设置共享资源权限**：为共享资源 user07-13 添加组 Account Operators，同时将其权限设置为更改、读取。将设置后的对话框拷屏，以文件名 7-13-2.gif 保存到考生文件夹。

3. **设置本地安全权限**：为共享资源 user07-13 设置允许 Account Operators 组"修改"、"读取及运行"、"列出文件夹目录"、"读取权限"、"写入权限"。将设置后的对话框拷屏，以文件名 7-13-3.gif 保存到考生文件夹。

4. **设置本地安全高级属性**：设置允许 Account Operators 组"遍历文件夹/运行文件"、"列出文件夹/读取权限"、"读取扩展属性"、"创建文件/写入数据"、"创建文件夹/附加数据"、"写入扩展属性"、"删除权限"。将设置后的对话框拷屏，以文件名 7-13-4.gif 保存到考生文件夹。设置审核 Account Operators 组对资源进行的"遍历文件夹/运行文件"、"列出文件夹/读取权限"、"读取扩展属性"、"创建文件/写入数据"、"创建文件夹/附加数据"、"写入扩展属性"、"删除文件夹及文件"、"删除"的成功、失败访问。将设置后的对话框拷屏，以文件名 7-13-5.gif 保存到考生文件夹。

5. **创建磁盘分区**：在"磁盘管理"中选定"可用空间"，按表 7-13-1 的值设置新创建分区的属性。将设置后的对话框拷屏，以文件名 7-13-6.gif、7-13-7.gif 保存到考生文件夹。

表 7-13-1 新建磁盘分区属性

属性		值
	指派驱动器号	T:
格式化分区	使用的文件系统	FAT32
	分配单位大小	默认
	卷标	NEW-DISK
	执行快速格式化	选中

6. **安装和共享打印机**：启动安装打印机向导，设置打印机共享为 WIN2KP13，位置为 WIN2K02 Printer，注释为 The EPSON LQ1600KII for All Users，完成打印机的安装。将设置后的对话框拷屏，以文件名 7-13-8.gif、7-13-9.gif 保存到考生文件夹。

7. **磁盘配额管理**：在磁盘属性的"配额"选项卡中，按表 7-13-2 中的值设定磁盘配额的各属性值。将设置后的对话框拷屏，以文件名 7-13-10.gif 保存到考生文件夹。

表 7-13-2　磁盘配额管理属性

属性	值
启用配额管理	选中
拒绝将磁盘空间给超过配额限制的用户	选中
将磁盘空间限制为	100 MB
将警告等级设定为	50 MB
用户超过配额限制时记录事件	选中
用户超过警告等级时记录事件	选中

7.14　第 14 题

【操作要求】

1. **设置共享资源属性**：将文件夹 D:\testuser\user07-14 设为共享，共享名为 user06-14，用户数限制为最多用户。将设置后的对话框拷屏，以文件名 7-14-1.gif 保存到考生文件夹。

2. **设置共享资源权限**：为共享资源 user07-14 添加组 Print Operators，同时将其权限设置为"读取"。将设置后的对话框拷屏，以文件名 7-14-2.gif 保存到考生文件夹。

3. **设置本地安全权限**：为共享资源 user07-14 设置允许 Print Operators 组读取权限。将设置后的对话框拷屏，以文件名 7-14-3.gif 保存到考生文件夹。

4. **设置本地安全高级属性**：设置允许 Print Operators 组"列出文件夹/读取权限"、"读取属性"、"读取扩展属性"、"读取权限"等资源访问权限。将设置后的对话框拷屏，以文件名 7-14-4.gif 保存到考生文件夹。

5. **设置本地安全审核**：设置审核 Print Operators 组对资源进行"列出文件夹/读取权限"、"读取属性"、"读取扩展属性"、"读取权限"的成功、失败访问。将设置后的对话框拷屏，以文件名 7-14-5.gif 保存到考生文件夹。

6. **创建磁盘分区**：在"磁盘管理"中选定"可用空间"，按表 7-14-1 的值设置新创建分区的属性。将设置后的对话框拷屏，以文件名 7-14-6.gif、7-14-7.gif 保存到考生文件夹。

表 7-14-1　新建磁盘分区属性

属性		值
指派驱动器号		T:
格式化分区	使用的文件系统	FAT32
	分配单位大小	512
	卷标	NEW-DISK
	执行快速格式化	选中

7. **安装和共享打印机**：启动安装打印机向导，设置打印机共享为 PWIN2K14，位置为 WIN2K02 Printer，注释为 The EPSON LQ1600KII for Replication 完成打印机的安装。将设置后的对话框拷屏，以文件名 7-14-8.gif、7-14-9.gif 保存到考生文件夹。

8. **磁盘配额管理**：在磁盘属性的"配额"选项卡中，按表 7-14-7 中的值设定磁盘配额的各属性值。将设置后的对话框拷屏，以文件名 7-14-10.gif 保存到考生文件夹。

表 7-14-7　磁盘配额管理属性

属性	值
启用配额管理	选中
拒绝将磁盘空间给超过配额限制的用户	选中
将磁盘空间限制为	200 MB
将警告等级设定为	100 MB
用户超过配额限制时记录事件	未选中
用户超过警告等级时记录事件	未选中

7.15　第 15 题

【操作要求】

1. **设置共享资源属性**：将文件夹 D:\testuser\user07-15 设为共享，共享名为 user07-15，用户数限制为允许 9999 个用户。将设置后的对话框拷屏，以文件名 7-15-1.gif 保存到考生文件夹。

2. **设置共享资源权限**：为共享资源 user07-15 添加组 Pre-Windows 2000 Compatible Accesser，同时将其权限设置为更改和读取。将设置后的对话框拷屏，以文件名 7-15-2.gif 保存到考生文件夹。

3. **设置本地安全权限**：为共享资源 user07-15 设置允许 Pre-Windows 2000 Compatible Accesser 组"修改"、"读取及运行"、"列出文件夹目录"、"读取"、"写入"等权限。将设置后的对话框拷屏，以文件名 7-15-3.gif 保存到考生文件夹。

4. **设置本地安全高级属性**：设置允许 Users 组"遍历文件夹/运行文件"、"列出文件夹/读取权限"、"读取属性"、"读取扩展属性"、"创建文件/写入数据"、"创建文件夹/附加数据"、"写入属性"、"写入扩展属性"、"删除"、"读取权限"等资源访问权限。将设置后的对话框拷屏，以文件名 7-15-4.gif 保存到考生文件夹。

5. **设置本地安全审核**：设置审核 Pre-Windows 2000 Compatible Accesser 组对资源进行"删除子文件夹及文件"、"更改权限"的成功、失败访问。将设置后的对话框拷屏，以文件名 7-15-5.gif 保存到考生文件夹。

6. **创建磁盘分区**：在"磁盘管理"中选定"可用空间"，按表 7-15-1 的值设置新创建分区的属性。将设置后的对话框拷屏，以文件名 7-15-6.gif、7-15-7.gif 保存到考生文件夹。

表 7-15-1　新建磁盘分区属性

属性		值
指派驱动器号		T:
格式化分区	使用的文件系统	FAT
	分配单位大小	默认
	卷标	NEW-DISK
	执行快速格式化	选中

7. **安装和共享打印机**：启动安装打印机向导，设置打印机共享为 Print2K15，位置为 WIN2K02 Printer，注释为 The Laser Print of HP6L for Local User，完成打印机的安装。将设置后的对话框拷屏，以文件名 7-15-8.gif、7-15-9.gif 保存到考生文件夹。

8. **磁盘配额管理**：在磁盘属性的"配额"选项卡中，按表 7-15-2 中的值设定磁盘配额的各属性值。将设置后的对话框拷屏，以文件名 7-15-10.gif 保存到考生文件夹。

表 7-15-2　磁盘配额管理属性

属性	值
启用配额管理	选中
拒绝将磁盘空间给超过配额限制的用户	未选中
将磁盘空间限制为	10 MB
将警告等级设定为	5 MB
用户超过配额限制时记录事件	选中
用户超过警告等级时记录事件	未选中

7.16　第 16 题

【操作要求】

1. **设置共享资源属性**：将文件夹 D:\testuser\user07-16 设为共享，共享名为 user07-16，用户数限制为允许 50 个用户。将设置后的对话框拷屏，以文件名 7-16-1.gif 保存到考生文件夹。

2. **设置共享资源权限**：为共享资源 user07-16 添加组 Domain Computer，同时将其权限设置为完全控制。将设置后的对话框拷屏，以文件名 7-16-2.gif 保存到考生文件夹。

3. **设置本地安全权限**：为共享资源 user07-16 设置允许 Domain Computer 组完全控制权限。将设置后的对话框拷屏，以文件名 7-16-3.gif 保存到考生文件夹。

4. 设置本地安全高级属性：设置允许 Users 组所有资源访问权限。将设置后的对话框拷屏，以文件名 7-16-4.gif 保存到考生文件夹。

5. **设置本地安全审核**：设置审核 Domain Computer 组对资源进行的所有失败访问。将设置后的对话框拷屏，以文件名 7-16-5.gif 保存到考生文件夹。

6. **创建磁盘分区**：在"磁盘管理"中选定"可用空间"，按表 7-16-5 的值设置新创建分区的属性。将设置后的对话框拷屏，以文件名 7-16-6.gif、7-16-7.gif 保存到考生文件夹。

表 7-16-5　新建磁盘分区属性

属性		值
指派驱动器号		R:
格式化分区	使用的文件系统	FAT
	分配单位大小	512
	卷标	NEW-DISK
	执行快速格式化	未选中

7. **安装和共享打印机**：启动安装打印机向导，设置打印机共享为 PrintWIN2K16，位置为 WIN2K02 Printer，注释为 The Laser Printer of HP6L for Everyone，完成打印机的安装。将设置后的对话框拷屏，以文件名 7-16-8.gif、7-16-9.gif 保存到考生文件夹。

8. **磁盘配额管理**：在磁盘属性的"配额"选项卡中，按表 7-16-7 中的值设定磁盘配额的各属性值。将设置后的对话框拷屏，以文件名 7-16-10.gif 保存到考生文件夹。

表 7-16-7　磁盘配额管理属性

属性	值
启用配额管理	选中
拒绝将磁盘空间给超过配额限制的用户	未选中
将磁盘空间限制为	20 MB
将警告等级设定为	8 MB
用户超过配额限制时记录事件	未选中
用户超过警告等级时记录事件	选中

7.17　第 17 题

【操作要求】

1. **设置共享资源属性**：将文件夹 D:\testuser\user07_17 设为共享，共享名为 user07_17，用户数限制为最多用户。将设置后的对话框拷屏，以文件名 7-17-1.gif 保存到考生文件夹。

2. **设置共享资源权限**：为共享资源 user07_17 添加组 Domain Controllers，同时将其权限设置为读取。将设置后的对话框拷屏，以文件名 7-17-2.gif 保存到考生文件夹。

3. **设置本地安全权限**：为共享资源 user07_17 设置允许 Domain Controllers 组的读取权限。将设置后的对话框拷屏，以文件名 7-17-3.gif 保存到考生文件夹。

4. **设置本地安全高级属性**：设置允许 Users 组"列出文件夹/读取权限"、"读取属性"、"读取扩展属性"、"读取权限"等资源访问权限。将设置后的对话框拷屏，以文件名 7-17-4.gif 保存到考生文件夹。

5. **设置本地安全审核**：设置审核 Domain Controllers 组对资源进行"遍历文件夹/运行文件"、"创建文件/写入数据"、"创建文件夹/附加数据"、"写入属性"、"写入扩展属性"、"删除子文件夹及文件"、"删除"、"更改权限"的成功、失败访问。将设置后的对话框拷屏，以文件名 7-17-5.gif 保存到考生文件夹。

6. **创建磁盘分区**：在"磁盘管理"中选定"可用空间"，按表 7-17-1 的值设置新创建分区的属性。将设置后的对话框拷屏，以文件名 7-17-6.gif、7-17-7.gif 保存到考生文件夹。

表 7-17-1　新建磁盘分区属性

属性		值
指派驱动器号		R:
格式化分区	使用的文件系统	FAT32
	分配单位大小	4096
	卷标	NEW-DISK
	执行快速格式化	选中

7. **安装和共享打印机**：启动安装打印机向导，设置打印机共享为 WIN2KPrint，位置为 WIN2K02 Printer，注释为 The Laser Print of HP6L for Replication，完成打印机的安装。将设置后的对话框拷屏，以文件名 7-17-8.gif、7-17-9.gif 保存到考生文件夹。

8. **磁盘配额管理**：在磁盘属性的"配额"选项卡中，按表 7-17-2 中的值设定磁盘配额的各属性值。将设置后的对话框拷屏，以文件名 7-17-10.gif 保存到考生文件夹。

表 7-17-2　磁盘配额管理属性

属性	值
启用配额管理	选中
拒绝将磁盘空间给超过配额限制的用户	选中
将磁盘空间限制为	20 MB
将警告等级设定为	10 MB
用户超过配额限制时记录事件	选中
用户超过警告等级时记录事件	未选中

7.18 第 18 题

【操作要求】

1. **设置共享资源属性**：将文件夹 D:\testuser\user07.18 设为共享，共享名为 user07.18，用户数限制为允许 9 个用户。将设置后的对话框拷屏，以文件名 7-18-1.gif 保存到考生文件夹。

2. **设置共享资源权限**：为共享资源 user07.18 添加组 Schema Admins，同时将其权限设置为更改和读取。将设置后的对话框拷屏，以文件名 7-18-2.gif 保存到考生文件夹。

3. **设置本地安全权限**：为共享资源 user07.18 设置允许 Schema Admins 组的写入权限。将设置后的对话框拷屏，以文件名 7-18-3.gif 保存到考生文件夹。

4. **设置本地安全高级属性**：设置允许 Schema Admins 组"创建文件/写入数据"、"创建文件夹/附加数据"、"写入属性"、"写入扩展属性"资源访问权限。将设置后的对话框拷屏，以文件名 7-18-4.gif 保存到考生文件夹。

5. **设置本地安全审核**：设置审核 Schema Admins 组对资源进行"创建文件/写入数据"、"创建文件夹/附加数据"、"写入属性"、"写入扩展属性"的成功、失败访问。将设置后的对话框拷屏，以文件名 7-18-5.gif 保存到考生文件夹。

6. **创建磁盘分区**：在"磁盘管理"中选定"可用空间"，按表 7-18-1 的值设置新创建分区的属性。将设置后的对话框拷屏，以文件名 7-18-6.gif、7-18-7.gif 保存到考生文件夹。

表 7-18-1　新建磁盘分区属性

属性		值
指派驱动器号		R:
格式化分区	使用的文件系统	FAT
	分配单位大小	4096
	卷标	NEW-DISK
	执行快速格式化	选中

7. **安装和共享打印机**：启动安装打印机向导，设置打印机共享为 WIN2KP18，位置为 WIN2K01 Printer，注释为 The Laser Print of HP6L for Local User。将设置后的对话框拷屏，以文件名 7-18-8.gif、7-18-9.gif 保存到考生文件夹。

8. **磁盘配额管理**：在磁盘属性的"配额"选项卡中，按表 7-18-2 中的值设定磁盘配额的各属性值。将设置后的对话框拷屏，以文件名 7-18-10.gif 保存到考生文件夹。

表 7-18-2　磁盘配额管理属性

属性	值
启用配额管理	选中
拒绝将磁盘空间给超过配额限制的用户	选中
将磁盘空间限制为	30 MB
将警告等级设定为	15 MB
用户超过配额限制时记录事件	未选中
用户超过警告等级时记录事件	选中

7.19　第 19 题

【操作要求】

1. **设置共享资源属性**：将文件夹 D:\testuser\user0719 设为共享，共享名为 user0719，用户数限制为允许 200 个用户。将设置后的对话框拷屏，以文件名 7-19-1.gif 保存到考生文件夹。

2. **设置共享资源权限**：为共享资源 user0719 添加组 Cert Publishers，同时将其权限设置为更改、读取。将设置后的对话框拷屏，以文件名 7-19-2.gif 保存到考生文件夹。

3. **设置本地安全权限**：为共享资源 user0719 设置允许 Cert Publishers 组"修改"、"读取及运行"、"列出文件夹目录"、"读取"、"写入"等权限。将设置后的对话框拷屏，以文件名 7-19-3.gif 保存到考生文件夹。

4. **设置本地安全高级属性**：设置允许 Cert Publishers 组"遍历文件夹/运行文件"、"列出文件夹/读取权限"、"读取属性"、"读取扩展属性"、"创建文件/写入数据"、"创建文件夹/附加数据"、"写入属性"、"写入扩展属性"、"删除"、"读取权限"等资源访问权限。将设置后的对话框拷屏，以文件名 7-19-4.gif 保存到考生文件夹。

5. **设置本地安全审核**：设置审核 Cert Publishers 组对资源进行"删除子文件夹及文件"、"更改权限"的成功、失败访问权限属性。将设置后的对话框拷屏，以文件名 7-19-5.gif 保存到考生文件夹。

6. **创建磁盘分区**：在"磁盘管理"中选定"可用空间"，按表 7-19-1 的值设置新创建分区的属性。将设置后的对话框拷屏，以文件名 7-19-6.gif、7-19-7.gif 保存到考生文件夹。

表 7-19-1　新建磁盘分区属性

属性		值
指派驱动器号		R:
格式化分区	使用的文件系统	NTFS
	分配单位大小	4096
	卷标	NEW-DISK
	执行快速格式化	选中
	启动文件和文件夹压缩	未选中

7. **安装和共享打印机**：启动安装打印机向导，设置打印机共享为 WINPrinter，位置为 WIN2K01 Printer，注释为 The Laser Print of HP6L for everyone，未完成打印机的安装。将设置后的对话框拷屏，以文件名 7-19-8.gif、7-19-9.gif 保存到考生文件夹。

8. **磁盘配额管理**：在磁盘属性的"配额"选项卡中，按表 7-19-2 中的值设定磁盘配额的各属性值。将设置后的对话框拷屏，以文件名 7-19-10.gif 保存到考生文件夹。

表 7-19-2　磁盘配额管理属性

属性	值
启用配额管理	选中
拒绝将磁盘空间给超过配额限制的用户	未选中
将磁盘空间限制为	40 MB
将警告等级设定为	20 MB
用户超过配额限制时记录事件	选中
用户超过警告等级时记录事件	选中

7.20 第 20 题

【操作要求】

1. **设置共享资源属性**：将文件夹 D:\testuser\user07~20 设为共享，共享名为 user07~20，用户数限制为允许 5 个用户。将设置后的对话框拷屏，以文件名 7-20-1.gif 保存到考生文件夹。

2. **设置共享资源权限**：为共享资源 user07~20 添加组 Domain Admins，同时将其权限设置为完全控制。将设置后的对话框拷屏，以文件名 7-20-2.gif 保存到考生文件夹。

3. **设置本地安全权限**：为共享资源 user07~20 设置允许 Domain Admins 组完全控制权限。将设置后的对话框拷屏，以文件名 7-20-3.gif 保存到考生文件夹。

4. **设置本地安全高级属性**：设置允许 Domain Admins 组所有资源访问权限。将设置后的对话框拷屏，以文件名 7-20-4.gif 保存到考生文件夹。

5. **设置本地安全审核**：设置审核 Domain Admins 组对资源进行"遍历文件夹/运行文件"、"列出文件夹/读取数据"、"创建文件/写入数据"、"创建文件夹/附加数据"、"删除子文件夹及文件"、"删除"的成功、失败访问。将设置后的对话框拷屏，以文件名 7-20-5.gif 保存到考生文件夹。

6. **创建磁盘分区**：在"磁盘管理"中选定"可用空间"，按表 7-20-1 的值设置新创建分区的属性。将设置后的对话框拷屏，以文件名 7-20-6.gif、7-20-7.gif 保存到考生文件夹。

表 7-20-1　新建磁盘分区属性

属性		值
指派驱动器号		R:
格式化分区	使用的文件系统	NTFS
	分配单位大小	4096
	卷标	NEW-DISK
	执行快速格式化	选中
	启动文件和文件夹压缩	选中

7. **安装和共享打印机**：启动安装打印机向导，设置打印机共享为 WINPS20，位置为 WIN2K01，注释为 The Laser Print of HP6L，完成打印机的安装。将设置后的对话框拷屏，以文件名 7-20-8.gif、7-20-9.gif 保存到考生文件夹。

8. **磁盘配额管理**：在磁盘属性的"配额"选项卡中，按表 7-20-2 中的值设定磁盘配额的各属性值。将设置后的对话框拷屏，以文件名 7-20-10.gif 保存到考生文件夹。

表 7-20-2　磁盘配额管理属性

属性	值
启用配额管理	选中
拒绝将磁盘空间给超过配额限制的用户	选中
将磁盘空间限制为	100 MB
将警告等级设定为	50 MB
用户超过配额限制时记录事件	选中
用户超过警告等级时记录事件	选中

第八单元 Windows 2000 网络管理

8.1 第 1 题

【操作要求】

1. **查看网络标识**：查看 Windows 2000 服务器的网络标识。将查看的对话框（如图 8-1-1 所示）拷屏，以文件名 8-1-1.gif 保存到考生文件夹。

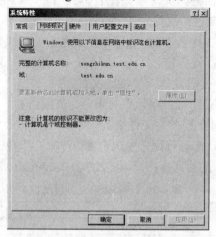

图 8-1-1 查看服务器网络标识

2. **添加网络服务**：在"网络服务"中添加"动态主机配置协议（DHCP）"。将设置后的对话框（如图 8-1-2 和图 8-1-3 所示）拷屏，以文件名 8-1-2.gif、8-1-3.gif 保存到考生文件夹。

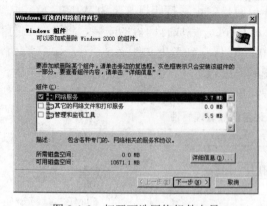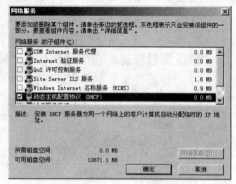

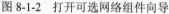

图 8-1-2 打开可选网络组件向导　　　　　图 8-1-3 添加网络组件

3. **查看和设置 Microsoft 网络的文件和打印机共享属性**：在"本地连接 属性"对话框中查看"Microsoft 网络的文件和打印机共享"属性，选中"最小化使用的内存"。

将查看的对话框（如图 8-1-4 所示）拷屏，以文件名 8-1-4.gif 保存到考生文件夹。

4. **添加网络协议**：打开"选择网络协议"对话框，安装"AppleTalk Protocol"协议。将查看的对话框（如图 8-1-5 所示）拷屏，以文件名 8-1-5.gif 保存到考生文件夹。

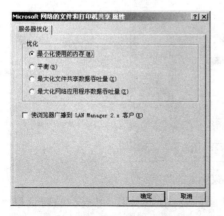

图 8-1-4　设置服务器优化

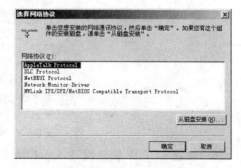

图 8-1-5　添加网络协议

5. **添加网络适配器**：启动"硬件向导"添加"Microsoft Loopback Adapter"网络适配器。将选择网卡的对话框（如图 8-1-6 所示）拷屏，以文件名 8-1-6.gif 保存到考生文件夹。

6. **查看网络适配器硬件属性**：查看网络适配器硬件属性。将查看的对话框（如图 8-1-7 所示）拷屏，以文件名 8-1-7.gif 保存到考生文件夹。

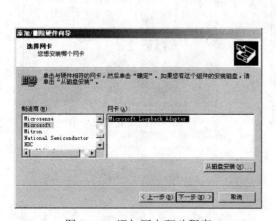

图 8-1-6　添加网卡驱动程序

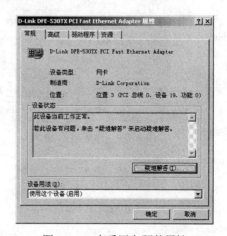

图 8-1-7　查看网卡硬件属性

7. **设置网络绑定**：将"Microsoft 网络的文件和打印机共享"中的协议顺序绑定为 IPX/SPX、NetBEUI、TCP/IP。将查看的对话框（如图 8-1-8 所示）拷屏，以文件名 8-1-8.gif 保存到考生文件夹。

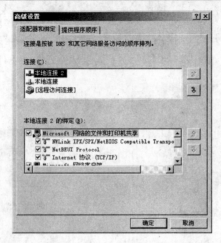

图 8-1-8　调整协议绑定的顺序

8. **设置 TCP/IP 协议属性：** 查看网卡的 IP 属性及高级属性。将查看的对话框（如图 8-1-9、图 8-1-10 所示）拷屏，以文件名 8-1-9.gif、8-1-10.gif 保存到考生文件夹。

图 8-1-9　设置基本 IP 地址

图 8-1-10　设置第二个 IP 地址

8.2 第 2 题

【操作要求】

1. **查看网络标识**：查看 Windows 2000 服务器的网络标识。将查看的对话框拷屏，以文件名 8-2-1.gif 保存到考生文件夹。

2. **添加网络服务**：在"其它的网络文件服务和打印"中添加"Macintosh 文件服务"。将设置后的对话框拷屏，以文件名 8-2-2.gif、8-2-3.gif 保存到考生文件夹。

3. **查看和设置 Microsoft 网络的文件和打印机共享属性**：在"本地连接 属性"对话框中双击"Microsoft 网络的文件和打印机共享"，选中"平衡"。将查看的对话框拷屏，以文件名 8-2-4.gif 保存到考生文件夹。

4. **添加网络协议**：打开"选择网络协议"对话框，安装"DLC Protocol"协议。将查看的对话框拷屏，以文件名 8-2-5.gif 保存到考生文件夹。

5. **添加网络适配器**：启动"硬件向导"添加"Novell/Anthem NE2000"网络适配器（参看本单元后的附表）。将选择网卡的对话框拷屏，以文件名 8-2-6.gif 保存到考生文件夹。

6. **查看网络适配器硬件属性**：查看网络适配器硬件属性。将查看的对话框拷屏，以文件名 8-2-7.gif 保存到考生文件夹。

7. **设置网络绑定**：在"网络和拨号连接"中选"高级设置"菜单项，将"Microsoft 网络的文件和打印机共享"中的协议顺序绑定为 IPX/SPX、TCP/IP、NetBEUI。将查看的对话框拷屏，以文件名 8-2-8.gif 保存到考生文件夹。

8. **设置 TCP/IP 协议属性**：设置网卡 IP 地址为 192.168.3.1、10.0.253.1，子网掩码为 255.255.255.0、255.255.255.252。将查看的对话框拷屏，以文件名 8-2-9.gif、8-2-10.gif 保存到考生文件夹。

8.3　第 3 题

【操作要求】

1. **查看网络标识**：查看 Windows 2000 服务器的网络标识。将查看的对话框拷屏，以文件名 8-3-1.gif 保存到考生文件夹。

2. **添加网络服务**：在"管理和监视工具"中添加"网络监视工具"。将设置后的对话框拷屏，以文件名 8-3-2.gif、8-3-3.gif 保存到考生文件夹。

3. **查看和设置 Microsoft 网络的文件和打印机共享属性**：在"本地连接 属性"对话框中双击"Microsoft 网络的文件和打印机共享"，选中"最大化文件共享数据吞吐量"。将查看的对话框拷屏，以文件名 8-3-4.gif 保存到考生文件夹。

4. **添加网络协议**：打开"选择网络协议"对话框，安装"NetGEUI Protocol"协议。将查看的对话框拷屏，以文件名 8-3-5.gif 保存到考生文件夹。

5. **添加网络适配器**：启动"硬件向导"添加"Hewlett-Packard DeskDirect (J2573A) 10/100VG ISA"网络适配器（参看本单元后的附表）。将选择网卡的对话框拷屏，以文件名 8-3-6.gif 保存到考生文件夹。

6. **查看网络适配器硬件属性**：查看网络适配器硬件属性。将查看的对话框拷屏，以文件名 8-3-7.gif 保存到考生文件夹。

7. **设置网络绑定**：将"Microsoft 网络的文件和打印机共享"中的协议顺序绑定为 NetBEUI、IPX/SPX、TCP/IP。将查看的对话框拷屏，以文件名 8-3-8.gif 保存到考生文件夹。

8. **设置 TCP/IP 协议属性**：设网卡 IP 值为 192.168.3.1，子网掩码为 255.255.255.0，首选 DNS 服务器为 192.168.3.1。将查看的对话框拷屏，以文件名 8-3-9.gif、8-3-10.gif 保存到考生文件夹。

8.4 第4题

【操作要求】

1. **查看网络标识**：查看 Windows 2000 服务器的网络标识。将查看的对话框拷屏，以文件名 8-4-1.gif 保存到考生文件夹。

2. **添加网络服务**：在"网络服务"中添加"Windows Internet 名称服务（WINS）"。将设置后的对话框拷屏，以文件名 8-4-2.gif、8-4-3.gif 保存到考生文件夹。

3. **查看和设置 Microsoft 网络的文件和打印机共享属性**：在"本地连接 属性"对话框中双击"Microsoft 网络的文件和打印机共享"，选中"最大化网络应用程序数据吞吐量"。将查看的对话框拷屏，以文件名 8-4-4.gif 保存到考生文件夹。

4. **添加网络协议**：打开"选择网络协议"对话框，安装"Network Monitor Driver"协议。将查看的对话框拷屏，以文件名 8-4-5.gif 保存到考生文件夹。

5. **添加网络适配器**：启动"硬件向导"添加"Fujitsu FMV-182"网络适配器（参看本单元后的附表）。将选择网卡的对话框拷屏，以文件名 8-4-6.gif 保存到考生文件夹。

6. **查看网络适配器硬件属性**：查看网络适配器硬件属性。将查看的对话框拷屏，以文件名 8-4-7.gif 保存到考生文件夹。

7. **设置网络绑定**：将"Microsoft 网络的文件和打印机共享"中的协议顺序绑定为 NetBEUI、TCP/IP、IPX/SPX。将查看的对话框拷屏，以文件名 8-4-8.gif 保存到考生文件夹。

8. **设置 TCP/IP 协议属性**：设置网卡 IP 为 10.1.3.1，子网掩码为 255.255.255.0，首选 DNS 服务器为 192.168.3.1。将查看的对话框拷屏，以文件名 8-4-9.gif、8-4-10.gif 保存到考生文件夹。

8.5　第 5 题

【操作要求】

1. **查看网络标识**：查看 Windows 2000 服务器的网络标识。将查看的对话框拷屏，以文件名 8-5-1.gif 保存到考生文件夹。

2. **添加网络服务**：在"其他的网络文件和打印服务"中添加"Macintosh 打印服务"。将设置后的对话框拷屏，以文件名 8-5-2.gif、8-5-3.gif 保存到考生文件夹。

3. **查看和设置 Microsoft 网络的文件和打印机共享属性**：在"本地连接 属性"对话框中双击"Microsoft 网络的文件和打印机共享"，选中"最大化网络应用程序数据吞吐量"，同时选中"使浏览器广播到 LAN Manager 2.x 客户"。将查看的对话框拷屏，以文件名 8-5-4.gif 保存到考生文件夹。

4. **添加网络协议**：打开"选择网络协议"对话框，安装"NWLink IPX/SPX/NetBIOS Compatible Transport Protocol"协议。将查看的对话框拷屏，以文件名 8-5-5.gif 保存到考生文件夹。

5. **添加网络适配器**：启动"硬件向导"添加"D-Link DE220 LAN adapter (Legacy Mode)"网络适配器（参看本单元后的附表）。将选择网卡的对话框拷屏，以文件名 8-5-6.gif 保存到考生文件夹。

6. **查看网络适配器硬件属性**：查看网络适配器硬件属性。将查看的对话框拷屏，以文件名 8-5-7.gif 保存到考生文件夹。

7. **设置网络绑定**：将"Microsoft 网络的文件和打印机共享"中的协议顺序绑定为 TCP/IP、NetBEUI、IPX/SPX。将查看的对话框拷屏，以文件名 8-5-8.gif 保存到考生文件夹。

8. **设置 TCP/IP 协议属性**：设置网卡 IP 为 168.192.6.101、192.168.6.101，子网掩码均为 255.255.255.0，首选 DNS 服务器为 168.192.6.1。将查看的对话框拷屏，以文件名 8-5-9.gif、8-5-10.gif 保存到考生文件夹。

8.6　第6题

【操作要求】

1. **查看网络标识**：查看 Windows 2000 服务器的网络标识。将查看的对话框拷屏，以文件名 8-6-1.gif 保存到考生文件夹。

2. **添加网络服务**：在"管理和监视工具"中添加"连接管理器组件"。将设置后的对话框拷屏，以文件名 8-6-2.gif、8-6-3.gif 保存到考生文件夹。

3. **查看和设置 Microsoft 网络的文件和打印机共享属性**：在"本地连接 属性"对话框中双击"Microsoft 网络的文件和打印机共享"，选中"最大化文件共享数据吞吐量"，同时选中"使浏览器广播到 LAN Manager 2.x 客户"。将查看的对话框拷屏，以文件名 8-6-4.gif 保存到考生文件夹。

4. **添加网络协议**：打开"选择网络协议"对话框，安装"AppleTalk Protocol"协议。将查看的对话框拷屏，以文件名 8-6-5.gif 保存到考生文件夹。

5. **添加网络适配器**：启动"硬件向导"添加"Crystal LAN(tm) CS8920 Ethernet Adapter"网络适配器（参看本单元后的附表）。将选择网卡的对话框拷屏，以文件名 8-6-6.gif 保存到考生文件夹。

6. **查看网络适配器硬件属性**：查看网络适配器硬件属性。将查看的对话框拷屏，以文件名 8-6-7.gif 保存到考生文件夹。

7. **设置网络绑定**：将"Microsoft 网络的文件和打印机共享"中的协议顺序绑定为 TCP/IP、IPX/SPX、NetBEUI。将查看的对话框拷屏，以文件名 8-6-8.gif 保存到考生文件夹。

8. **设置 TCP/IP 协议属性**：设置网卡 IP 为 10.12.16.11、192.168.5.3，子网掩码均为 255.255.255.0，首选 DNS 服务器为 10.1.6.1。将查看的对话框拷屏，以文件名 8-6-9.gif、8-6-10.gif 保存到考生文件夹。

8.7　第 7 题

【操作要求】

1. **查看网络标识**：查看 Windows 2000 服务器的网络标识。将查看的对话框拷屏，以文件名 8-7-1.gif 保存到考生文件夹。

2. **添加网络服务**：在"网络服务"中添加"Site Server ILS 服务"。将设置后的对话框拷屏，以文件名 8-7-2.gif、8-7-3.gif 保存到考生文件夹。

3. **查看和设置 Microsoft 网络的文件和打印机共享属性**：在"本地连接 属性"对话框中双击"Microsoft 网络的文件和打印机共享"，选中"平衡"，同时选中"使浏览器广播到 LANManager 2.x 客户"。将查看的对话框拷屏，以文件名 8-7-4.gif 保存到考生文件夹。

4. **添加网络协议**：打开"选择网络协议"对话框，安装"DLC Protocol"协议。将查看的对话框拷屏，以文件名 8-7-5.gif 保存到考生文件夹。

5. **添加网络适配器**：启动"硬件向导"添加"NewFlex-3/E Controller (TLAN 2.3)"网络适配器（参看本单元后的附表）。将选择网卡的对话框拷屏，以文件名 8-7-6.gif 保存到考生文件夹。

6. **查看网络适配器硬件属性**：查看网络适配器硬件属性。将查看的对话框拷屏，以文件名 8-7-7.gif 保存到考生文件夹。

7. **设置网络绑定**：将"Microsoft 网络客户端"中的协议顺序绑定为 IPX/SPX、NetBEUI、TCP/IP。将查看的对话框拷屏，以文件名 8-7-8.gif 保存到考生文件夹。

8. **设置 TCP/IP 协议属性**：设置网卡 IP 为 10.12.16.11、192.168.3.45，子网掩码为：255.255.255.4、255.255.255.0，首选 DNS 服务器为 10.1.6.1。将查看的对话框拷屏，以文件名 8-7-9.gif、8-7-10.gif 保存到考生文件夹。

8.8　第8题

【操作要求】

1. **查看网络标识**：查看 Windows 2000 服务器的网络标识。将查看的对话框拷屏，以文件名 8-8-1.gif 保存到考生文件夹。

2. **添加网络服务**：在"其它的网络文件和打印服务"中添加"Unix 打印服务"。将设置后的对话框拷屏，以文件名 8-8-2.gif、8-8-3.gif 保存到考生文件夹。

3. **查看和设置 Microsoft 网络的文件和打印机共享属性**：在"本地连接 属性"对话框中双击"Microsoft 网络的文件和打印机共享"，选中"最小化使用的内存"，同时选中"使浏览器广播到 LAN Manager 2.x 客户"。将查看的对话框拷屏，以文件名 8-8-4.gif 保存到考生文件夹。

4. **添加网络协议**：打开"选择网络协议"对话框，安装"NetBEUI Protocol"协议。将查看的对话框拷屏，以文件名 8-8-5.gif 保存到考生文件夹。

5. **添加网络适配器**：启动"硬件向导"添加"3Com EtherLink III ISA (3C509b) in EISA mode"网络适配器（参看本单元后的附表）。将选择网卡的对话框拷屏，以文件名 8-8-6.gif 保存到考生文件夹。

6. **查看网络适配器硬件属性**：查看网络适配器硬件属性。将查看的对话框拷屏，以文件名 8-8-7.gif 保存到考生文件夹。

7. **设置网络绑定**：将"Microsoft 网络客户端"中的协议顺序绑定为 IPX/SPX、TCP/IP、NetBEUI。将查看的对话框拷屏，以文件名 8-8-8.gif 保存到考生文件夹。

8. **设置 TCP/IP 协议属性**：设置网卡 IP 为 10.12.16.11、192.168.3.5，子网掩码为 255.255.255.4、255.255.255.0，首选 DNS 服务器为 10.3.6.1。将查看的对话框拷屏，以文件名 8-8-9.gif、8-8-10.gif 保存到考生文件夹。

8.9   第 9 题

【操作要求】

1. **查看网络标识**：查看 Windows 2000 服务器的网络标识。将查看的对话框拷屏，以文件名 8-9-1.gif 保存到考生文件夹。

2. **添加网络服务**：在"管理和监视工具"中添加"简单网络管理协议（SNMP）"。将设置后的对话框拷屏，以文件名 8-9-2.gif、8-9-3.gif 保存到考生文件夹。

3. **查看和设置 Microsoft 网络的文件和打印机共享属性**：在"本地连接 属性"对话框中双击"Microsoft 网络的文件和打印机共享"，选中"最小化使用的内存"，同时选中"使浏览器广播到 LAN Manager 2.x 客户"。将查看的对话框拷屏，以文件名 8-9-4.gif 保存到考生文件夹。

4. **添加网络协议**：打开"选择网络协议"对话框，安装"Network Monitor Driver"协议。将查看的对话框拷屏，以文件名 8-9-5.gif 保存到考生文件夹。

5. **添加网络适配器**：启动"硬件向导"添加"Acer ALN101 Ethernet Adapter (Legacy Mode)"网络适配器（参看本单元后的附表）。将选择网卡的对话框拷屏，以文件名 8-9-6.gif 保存到考生文件夹。

6. **查看网络适配器硬件属性**：查看网络适配器硬件属性。将查看的对话框拷屏，以文件名 8-9-7.gif 保存到考生文件夹。

7. **设置网络绑定**：将"Microsoft 网络客户端"中的协议顺序绑定为 NetBEUI、IPX/SPX、TCP/IP。将查看的对话框拷屏，以文件名 8-9-8.gif 保存到考生文件夹。

8. **设置 TCP/IP 协议属性**：设置网卡 IP 为 192.168.16.11、192.168.3.5，子网掩码均为 255.255.255.0，首选 DNS 服务器为 192.168.3.1。将查看的对话框拷屏，以文件名 8-9-9.gif、8-9-10.gif 保存到考生文件夹。

8.10 第 10 题

【操作要求】

1. **查看网络标识**：查看 Windows 2000 服务器的网络标识。将查看的对话框拷屏，以文件名 8-10-1.gif 保存到考生文件夹。

2. **添加网络服务**：在"网络服务"中添加"Internet 验证服务"。将设置后的对话框拷屏，以文件名 8-10-2.gif、8-10-3.gif 保存到考生文件夹。

3. **查看和设置 Microsoft 网络的文件和打印机共享属性**：在"本地连接 属性"对话框中双击"Microsoft 网络的文件和打印机共享"，选中"平衡"，同时选中"使浏览器广播到 LAN Manager 2.x 客户"。将查看的对话框拷屏，以文件名 8-10-4.gif 保存到考生文件夹。

4. **添加网络协议**：打开"选择网络协议"对话框，安装"NWLink IPX/SPX/NetBIOS Compatible Transport Protocol"协议。将查看的对话框拷屏，以文件名 8-10-5.gif 保存到考生文件夹。

5. **添加网络适配器**：启动"硬件向导"添加"AMD PCNET Family ISA Ethernet Adapter"网络适配器（参看本单元后的附表）。将选择网卡的对话框拷屏，以文件名 8-10-6.gif 保存到考生文件夹。

6. **查看网络适配器硬件属性**：查看网络适配器硬件属性。将查看的对话框拷屏，以文件 8-10-7.gif 保存到考生文件夹。

7. **设置网络绑定**：将"Microsoft 网络客户端"中的协议顺序绑定为 NetBEUI、TCP/IP、IPX/SPX。将查看的对话框拷屏，以文件名 8-10-8.gif 保存到考生文件夹。

8. **设置 TCP/IP 协议属性**：设置网卡 IP 为 192.168.6.1、192.168.3.5、192.168.4.1，子网掩码均为 255.255.255.0，首选 DNS 服务器为 192.168.3.1。将查看的对话框拷屏，以文件名 8-10-9.gif、8-10-10.gif 保存到考生文件夹。

8.11 第 11 题

【操作要求】

1. **查看网络标识**: 查看 Windows 2000 服务器的网络标识。将查看的对话框拷屏, 以文件名 8-11-1.gif 保存到考生文件夹。

2. **添加网络服务**: 在 "网络服务" 中添加 "简单 TCP/IP 服务"。将设置后的对话框拷屏, 以文件名 8-11-2.gif、8-11-3.gif 保存到考生文件夹。

3. **查看和设置 Microsoft 网络的文件和打印机共享属性**: 在 "本地连接 属性" 对话框中双击 "Microsoft 网络的文件和打印机共享", 选中 "最大化文件共享数据吞吐量", 同时选中 "使浏览器广播到 LAN Manager 2.x 客户"。将查看的对话框拷屏, 以文件名 8-11-4.gif 保存到考生文件夹。

4. **添加网络协议**: 打开 "选择网络协议" 对话框, 安装 "AppleTalk Protocol" 协议。将查看的对话框拷屏, 以文件名 8-11-5.gif 保存到考生文件夹。

5. **添加网络适配器**: 启动 "硬件向导" 添加 "Microsoft Loopback Adapter" 网络适配器 (参看本单元后的附表)。将选择网卡的对话框拷屏, 以文件名 8-11-6.gif 保存到考生文件夹。

6. **查看网络适配器硬件属性**: 查看网络适配器硬件属性。将查看的对话框拷屏, 以文件名 8-11-7.gif 保存到考生文件夹。

7. **设置网络绑定**: 将 "Microsoft 网络客户端" 中的协议顺序绑定为 TCP/IP、NetBEUI、IPX/SPX。将查看的对话框拷屏, 以文件名 8-11-8.gif 保存到考生文件夹。

8. **设置 TCP/IP 协议属性**: 设置网卡 IP 为 192.168.6.1、192.168.4.1, 子网掩码均为 255.255.255.0, 首选 DNS 服务器为 10.1.3.1。将查看的对话框拷屏, 以文件名 8-11-9.gif、8-11-10.gif 保存到考生文件夹。

8.12 第 12 题

【操作要求】

1. **查看网络标识**：查看 Windows 2000 服务器的网络标识。将查看的对话框拷屏，以文件名 8-12-1.gif 保存到考生文件夹。

2. **添加网络服务**：在"其它的网络文件和打印服务"中添加"Unix 打印服务"、"Macintosh 打印服务"。将设置后的对话框拷屏，以文件名 8-12-2.gif、8-12-3.gif 保存到考生文件夹。

3. **查看和设置 Microsoft 网络的文件和打印机共享属性**：在"本地连接 属性"对话框中双击"Microsoft 网络的文件和打印机共享"，选中"最大化网络应用程序数据吞吐量"，同时选中"使浏览器广播到 LAN Manager 2.x 客户"。将查看的对话框拷屏，以文件名 8-12-4.gif 保存到考生文件夹。

4. **添加网络协议**：打开"选择网络协议"对话框，安装"DLC Protocol"协议。将查看的对话框拷屏，以文件名 8-12-5.gif 保存到考生文件夹。

5. **添加网络适配器**：启动"硬件向导"添加"Novell/Anthem NE2000"网络适配器（参看本单元后的附表）。将选择网卡的对话框拷屏，以文件名 8-12-6.gif 保存到考生文件夹。

6. **查看网络适配器硬件属性**：查看网络适配器硬件属性。将查看的对话框拷屏，以文件名 8-12-7.gif 保存到考生文件夹。

7. **设置网络绑定**：将"Microsoft 网络客户端"中的协议顺序绑定为 TCP/IP、IPX/SPX、NetBEUI。将查看的对话框拷屏，以文件名 8-12-8.gif 保存到考生文件夹。

8. **设置 TCP/IP 协议属性**：设置网卡 IP 为 222.220.2.1、192.168.4.1，子网掩码为 255.255.255.0，首选 DNS 服务器为 10.1.3.1。将查看的对话框拷屏，以文件名 8-12-9.gif、8-12-10.gif 保存到考生文件夹。

8.13　第 13 题

【操作要求】

1. **查看网络标识**：查看 Windows 2000 服务器的网络标识。将查看的对话框拷屏，以文件名 8-13-1.gif 保存到考生文件夹。

2. **添加网络服务**：在"网络服务"中添加"Qos 许可控制服务"。将设置后的对话框拷屏，以文件名 8-13-2.gif、8-13-3.gif 保存到考生文件夹。

3. **查看和设置 Microsoft 网络的文件和打印机共享属性**：在"本地连接 属性"对话框中双击"Microsoft 网络的文件和打印机共享"，选中"最大化网络应用程序数据吞吐量"。将查看的对话框拷屏，以文件名 8-13-4.gif 保存到考生文件夹。

4. **添加网络协议**：打开"选择网络协议"对话框，安装"NetBEUI Protocol"协议。将查看的对话框拷屏，以文件名 8-13-5.gif 保存到考生文件夹。

5. **添加网络适配器**：启动"硬件向导"添加"Hewlett-Packard DeskDirect (J2573A) 10/100VG ISA"网络适配器（参看本单元后的附表）。将选择网卡的对话框拷屏，以文件名 8-13-6.gif 保存到考生文件夹。

6. **查看网络适配器硬件属性**：查看网络适配器硬件属性。将查看的对话框拷屏，以文件名 8-13-7.gif 保存到考生文件夹。

7. **设置网络绑定**：将"Microsoft 网络的文件和打印机共享"中的协议顺序绑定为 IPX/SPX、NetBEUI、TCP/IP。将查看的对话框拷屏，以文件名 8-13-8.gif 保存到考生文件夹。

8. **设置 TCP/IP 协议属性**：设置网卡 IP 为 222.22.2.1、192.168.4.1，子网掩码为 255.255.255.0，首选 DNS 服务器为 16.6.4.1。将查看的对话框拷屏，以文件名 8-13-9.gif、8-13-10.gif 保存到考生文件夹。

8.14 第 14 题

【操作要求】

1. **查看网络标识**：查看 Windows 2000 服务器的网络标识。将查看的对话框拷屏，以文件名 8-14-1.gif 保存到考生文件夹。

2. **添加网络服务**：在"管理和监视工具"中添加"网络监视工具"、"简单网络管理协议（SNMP）"。将设置后的对话框拷屏，以文件名 8-14-2.gif、8-14-3.gif 保存到考生文件夹。

3. **查看和设置 Microsoft 网络的文件和打印机共享属性**：在"本地连接 属性"对话框中双击"Microsoft 网络的文件和打印机共享"，选中"最大化文件共享数据吞吐量"。将查看的对话框拷屏，以文件名 8-14-4.gif 保存到考生文件夹。

4. **添加网络协议**：打开"选择网络协议"对话框，安装"Network Monitor Driver"协议。将查看的对话框拷屏，以文件名 8-14-5.gif 保存到考生文件夹。

5. **添加网络适配器**：启动"硬件向导"添加"Fujitsu FMV-182"网络适配器（参看本单元后的附表）。将选择网卡的对话框拷屏，以文件名 8-14-6.gif 保存到考生文件夹。

6. **查看网络适配器硬件属性**：查看网络适配器硬件属性。将查看的对话框拷屏，以文件名 8-14-7.gif 保存到考生文件夹。

7. **设置网络绑定**：将"Microsoft 网络的文件和打印机共享"中的协议顺序绑定为 IPX/SPX、TCP/IP、NetBEUI。将查看的对话框拷屏，以文件名 8-14-8.gif 保存到考生文件夹。

8. **设置 TCP/IP 协议属性**：设置网卡 IP 为 220.20.2.1、192.168.3.1，子网掩码为 255.255.255.0，首选 DNS 服务器为 16.6.4.1。将查看的对话框拷屏，以文件名 8-14-9.gif、8-14-10.gif 保存到考生文件夹。

8.15　第 15 题

【操作要求】

1. **查看网络标识**：查看 Windows 2000 服务器的网络标识。将查看的对话框拷屏，以文件名 8-15-1.gif 保存到考生文件夹。

2. **添加网络服务**：在"网络服务"中添加"COM Internet 服务代理"。将设置后的对话框拷屏，以文件名 8-15-2.gif、8-15-3.gif 保存到考生文件夹。

3. **查看和设置 Microsoft 网络的文件和打印机共享属性**：在"本地连接 属性"对话框中双击"Microsoft 网络的文件和打印机共享"，选中"平衡"。将查看的对话框拷屏，以文件名 8-15-4.gif 保存到考生文件夹。

4. **添加网络协议**：打开"选择网络协议"对话框，安装"NWLink IPX/SPX/NetBIOS Compatible Transport Protocol"协议。将查看的对话框拷屏，以文件名 8-15-5.gif 保存到考生文件夹。

5. **添加网络适配器**：启动"硬件向导"添加"D-Link DE220 LAN adapter (Legacy Mode)"网络适配器（参看本单元后的附表）。将选择网卡的对话框拷屏，以文件名 8-15-6.gif 保存到考生文件夹。

6. **查看网络适配器硬件属性**：查看网络适配器硬件属性。将查看的对话框拷屏，以文件名 8-15-7.gif 保存到考生文件夹。

7. **设置网络绑定**：将"Microsoft 网络的文件和打印机共享"中的协议顺序绑定为 TCP/IP、NetBEUI、IPX/SPX。将查看的对话框拷屏，以文件名 8-15-8.gif 保存到考生文件夹。

8. **设置 TCP/IP 协议属性**：设置网卡 IP 为 120.20.20.1、192.168.3.1，子网掩码为 255.255.255.0，首选 DNS 服务器为 16.16.16.1。将查看的对话框拷屏，以文件名 8-15-9.gif、8-15-10.gif 保存到考生文件夹。

8.16　第 16 题

【操作要求】

1. **查看网络标识**：查看 Windows 2000 服务器的网络标识。将查看的对话框拷屏，以文件名 8-16-1.gif 保存到考生文件夹。

2. **添加网络服务**：在"其它的网络文件和打印服务"中添加"Macintosh 文件服务"、"Macintosh 打印服务"。将设置后的对话框拷屏，以文件名 8-16-2.gif、8-16-3.gif 保存到考生文件夹。

3. **查看和设置 Microsoft 网络的文件和打印机共享属性**：在"本地连接 属性"对话框中双击"Microsoft 网络的文件和打印机共享"，选中"最小化使用的内存（M）"。将查看的对话框拷屏，以文件名 8-16-4.gif 保存到考生文件夹。

4. **添加网络协议**：打开"选择网络协议"对话框，安装"AppleTalk Protocol"协议。将查看的对话框拷屏，以文件名 8-16-5.gif 保存到考生文件夹。

5. **添加网络适配器**：启动"硬件向导"添加"Crystal LAN(tm) CS8900 Ethernet Adapter"网络适配器（参看本单元后的附表）。将选择网卡的对话框拷屏，以文件名 8-16-6.gif 保存到考生文件夹。

6. **查看网络适配器硬件属性**：查看网络适配器硬件属性。将查看的对话框拷屏，以文件名 8-16-7.gif 保存到考生文件夹。

7. **设置网络绑定**：将"Microsoft 网络的文件和打印机共享"中的协议顺序绑定为 IPX/SPX、TCP/IP、NetBEUI。将查看的对话框拷屏，以文件名 8-16-8.gif 保存到考生文件夹。

8. **设置 TCP/IP 协议属性**：设置网卡 IP 为 192.168.3.1，子网掩码为 255.255.255.0，首选 DNS 服务器为 192.168.3.1。将查看的对话框拷屏，以文件名 8-16-9.gif、8-16-10.gif 保存到考生文件夹。

8.17　第 17 题

【操作要求】

1. **查看网络标识**：查看 Windows 2000 服务器的网络标识。将查看的对话框拷屏，以文件名 8-17-1.gif 保存到考生文件夹。

2. **添加网络服务**：在"网络服务"中添加"Windows Internet 名称服务（WINS）"、"动态主机配置协议（DHCP）"。将设置后的对话框拷屏，以文件名 8-17-2.gif、8-17-3.gif 保存到考生文件夹。

3. **查看和设置 Microsoft 网络的文件和打印机共享属性**：在"本地连接 属性"对话框中双击"Microsoft 网络的文件和打印机共享"，选中"最小化使用的内存"，同时选中"使浏览器广播到 LAN Manager 2.x 客户"。将查看的对话框拷屏，以文件名 8-17-4.gif 保存到考生文件夹。

4. **添加网络协议**：打开"选择网络协议"对话框，安装"DLC Protocol"协议。将查看的对话框拷屏，以文件名 8-17-5.gif 保存到考生文件夹。

5. **添加网络适配器**：启动"硬件向导"添加"NetFler-3/E Controller (TLAN 1.0)"网络适配器（参看本单元后的附表）。将选择网卡的对话框拷屏，以文件名 8-17-6.gif 保存到考生文件夹。

6. **查看网络适配器硬件属性**：查看网络适配器硬件属性。将查看的对话框拷屏，以文件名 8-17-7.gif 保存到考生文件夹。

7. **设置网络绑定**：将"Microsoft 网络客户端"中的协议顺序绑定为 IPX/SPX、NetBEUI、TCP/IP。将查看的对话框拷屏，以文件名 8-17-8.gif 保存到考生文件夹。

8. **设置 TCP/IP 协议属性**：设置网卡 IP 为 168-192.6.101、192.168.6.101、子网掩码均为 255.255.255.0，首选 DNS 服务器为 168.192.6.1。将查看的对话框拷屏，以文件名 8-17-9.gif、8-17-10.gif 保存到考生文件夹。

8.18 第 18 题

【操作要求】

1. **查看网络标识**：查看 Windows 2000 服务器的网络标识。将查看的对话框拷屏，以文件名 8-18-1.gif 保存到考生文件夹。

2. **添加网络服务**：在"网络服务"中添加"Internet 验证服务"、"Site Server ILS 服务"。将设置后的对话框拷屏，以文件名 8-18-2.gif、8-18-3.gif 保存到考生文件夹。

3. **查看和设置 Microsoft 网络的文件和打印机共享属性**：在"本地连接 属性"对话框中双击"Microsoft 网络的文件和打印机共享"，选中"平衡"，同时选中"使浏览器广播到 LAN Manager 2.x 客户"。将查看的对话框拷屏，以文件名 8-18-4.gif 保存到考生文件夹。

4. **添加网络协议**：打开"选择网络协议"对话框，安装"NetBEUI Protocol"协议。将查看的对话框拷屏，以文件名 8-18-5.gif 保存到考生文件夹。

5. **添加网络适配器**：启动"硬件向导"添加"3Com EtherLink III ISA (3C509b) in EISA mode"网络适配器（参看本单元后的附表）。将选择网卡的对话框拷屏，以文件名 8-18-6.gif 保存到考生文件夹。

6. **查看网络适配器硬件属性**：查看网络适配器硬件属性。将查看的对话框拷屏，以文件名 8-18-7.gif 保存到考生文件夹。

7. **设置网络绑定**：将"Microsoft 网络客户端"中的协议顺序绑定为 IPX/SPX、TCP/IP、NetBEUI。将查看的对话框拷屏，以文件名 8-18-8.gif 保存到考生文件夹。

8. **设置 TCP/IP 协议属性**：设置网卡 IP 为 10.12.16.11、192.168.3.45，子网掩码为 255.255.255.4、255.255.255.0，首选 DNS 服务器为 10.1.6.1。将查看的对话框拷屏，以文件名 8-18-9.gif、8-18-10.gif 保存到考生文件夹。

8.19 第 19 题

【操作要求】

1. **查看网络标识**：查看 Windows 2000 服务器的网络标识。将查看的对话框拷屏，以文件名 8-19-1.gif 保存到考生文件夹。

2. **添加网络服务**：在"管理和监视工具"中添加"网络监视工具"、"连接管理器组件"。将设置后的对话框拷屏，以文件名 8-19-2.gif、8-19-3.gif 保存到考生文件夹。

3. **查看和设置 Microsoft 网络的文件和打印机共享属性**：在"本地连接 属性"对话框中双击"Microsoft 网络的文件和打印机共享"，选中"最大化文件共享数据吞吐量"，同时选中"使浏览器广播到 LAN Manager 2.x 客户"。将查看的对话框拷屏，以文件名 8-19-4.gif 保存到考生文件夹。

4. **添加网络协议**：打开"选择网络协议"对话框，安装"Network Monitor Driver"协议。将查看的对话框拷屏，以文件名 8-19-5.gif 保存到考生文件夹。

5. **添加网络适配器**：启动"硬件向导"添加"Acer ALN101 Ethernet Adapter (Legacy Mode)"网络适配器（参看本单元后的附表）。将选择网卡的对话框拷屏，以文件名 8-19-6.gif 保存到考生文件夹。

6. **查看网络适配器硬件属性**：查看网络适配器硬件属性。将查看的对话框拷屏，以文件名 8-19-7.gif 保存到考生文件夹。

7. **设置网络绑定**：将"Microsoft 网络客户端"中的协议顺序绑定为 NetBEUI、IPX/SPX、TCP/IP。将查看的对话框拷屏，以文件名 8-19-8.gif 保存到考生文件夹。

8. **设置 TCP/IP 协议属性**：设置网卡 IP 为 192.168.16.11、192.168.3.5，子网掩码为 255.255.255.0，首选 DNS 服务器为 192.168.3.1。将查看的对话框拷屏，以文件名 8-19-9.gif、8-19-10.gif 保存到考生文件夹。

8.20 第 20 题

【操作要求】

1. **查看网络标识**：查看 Windows 2000 服务器的网络标识。将查看的对话框拷屏，以文件名 8-20-1.gif 保存到考生文件夹。

2. **添加网络服务**：在"网络服务"中添加"Site Server ILS 服务"、"简单 TCP/IP 服务"。将设置后的对话框拷屏，以文件名 8-20-2.gif、8-20-3.gif 保存到考生文件夹。

3. **查看和设置 Microsoft 网络的文件和打印机共享属性**：在"本地连接 属性"对话框中双击"Microsoft 网络的文件和打印机共享"，选中"最大化网络应用程序数据吞吐量"，同时选中"使浏览器广播到 LAN Manager 2.x 客户"。将查看的对话框拷屏，以文件名 8-20-4.gif 保存到考生文件夹。

4. **添加网络协议**：打开"选择网络协议"对话框，安装"NWLink IPX/SPX/NetBIOS Compatible Transport Protocol"协议。将查看的对话框拷屏，以文件名 8-20-5.gif 保存到考生文件夹。

5. **添加网络适配器**：启动"硬件向导"添加"AMD PCNET Family Ethernet Adater"网络适配器。将选择网卡的对话框拷屏，以文件名 8-20-6.gif 保存到考生文件夹。

6. **查看网络适配器硬件属性**：查看网络适配器硬件属性。将查看的对话框拷屏，以文件名 8-20-7.gif 保存到考生文件夹。

7. **设置网络绑定**：将"Microsoft 网络客户端"中的协议顺序绑定为 NetBEUI、TCP/IP、IPX/SPX。将查看的对话框拷屏，以文件名 8-20-8.gif 保存到考生文件夹。

8. **设置 TCP/IP 协议属性**：设置网卡 IP 为 192.168.6.1、192.168.4.1，子网掩码为 255.255.255.0，首选 DNS 服务器为 10.1.3.1。将查看的对话框拷屏，以文件名 8-20-9.gif、8-20-10.gif 保存到考生文件夹。

附录 A　各大网络适配器厂商名称一览

题号	厂商	题号	厂商
8.1	Microsoft	8.11	Microsoft
8.2	Novell/Anthem	8.12	Novell/Anthem
8.3	Hewlett Packard	8.13	Hewlett Packard
8.4	Fujitsu	8.14	Fujitsu
8.5	D-Link Corporation	8.15	D-Link Corporation
8.6	Crystal Semiconductor	8.16	Crystal Semiconductor
8.7	Compaq	8.17	Compaq
8.8	3COM	8.18	3COM
8.9	Acer	8.19	Acer
8.10	Advanced Micor Device	8.20	Advanced Micor Device

附录 B "红蜻蜓"抓图工具使用简介

"红蜻蜓"抓图工具软件为免费软件，用户可以无需会费使用，但请遵守版权法的规定，不要进行反向编译，也不要更改其版权信息。

一、"红蜻蜓"抓图工具的下载

"红蜻蜓"抓图工具软件可以从大部分的下载网站下载，国内著名的"华军软件园"www.newhua.com、"天空软件园"www.skycn.com 都提供下载服务。

二、"红蜻蜓"抓图工具的安装

鼠标双击下载后的文件，然后按照安装向导的提示一直单击下一步即可。

三、"红蜻蜓"抓图工具的使用

"红蜻蜓"抓图工具软件使用非常简单，用户安装后只要设置为自动启动，则每次开机后它就会自动被加载到内存中，使用完毕，只需按一下"ESC"键，该活动窗口就自动隐藏。

（一）抓图设置

1. 抓图方式设置

- 捕捉整个屏幕：选取主窗口中[捕捉]菜单下的[整个屏幕]菜单项。
- 捕捉活动窗口：选取主窗口中[捕捉]菜单下的[活动窗口]菜单项。
- 捕捉选定范围：选取主窗口中[捕捉]菜单下的[选定区域]菜单项。
- 捕捉固定范围：选取主窗口中[捕捉]菜单下的[固定区域]菜单项。
- 捕捉选定对象：选取主窗口中[捕捉]菜单下的[选定控件]菜单项。

2. 抓图选项设置

- 设置抓取鼠标指针：选取主窗口中选择[常规]选项卡->[捕捉图像时，同时捕捉鼠标指针]选项。
- 设置延迟抓图：选取主窗口中[高级]选项卡->[捕捉图像前进行延迟]选项。
- 设置抓图时隐藏主窗口：选取主窗口中[常规]选项卡->[捕捉图像时，自动隐藏主窗口]选项。

（二）捕捉图像

- 方法 1：鼠标单击主窗口中的[捕捉]按钮。
- 方法 2：鼠标单击主窗口中[捕捉]菜单下的[捕捉图像]菜单项。
- 方法 3：鼠标右击系统托盘内本软件图标并选取弹出菜单中的[捕捉图像]菜单项。
- 方法 4：使用抓图热键 CTRL+SHIFT+C。

（三）编辑图像

- 裁切图像：在[抓图预览]窗口中用鼠标框选图像上要被裁切的部分，然后单击该窗口中的[裁切]按钮。
- 翻转图像：在[抓图预览]窗口中用鼠标框选图像上要被翻转的部分，然后单击该窗口中的[翻转]按钮，选择弹出菜单中的[水平翻转]或[垂直翻转]菜单项。
- 清除图像：在[抓图预览]窗口中用鼠标框选图像上要被清除的部分，然后单击该窗口中的[清除]按钮。
- 设置图像反色：在[抓图预览]窗口中用鼠标框选图像中要被反色的部分，然后单击该窗口中的[反色]按钮。
- 设置图像尺寸：鼠标单击[抓图预览]窗口中的[尺寸]按钮，在弹出窗口中设置图像的大小。

（四）输出图像

- 保存图像到文件：鼠标单击[抓图预览]窗口中的[另存为]按钮。
- 复制图像到剪贴板：在[抓图预览]窗口中用鼠标框选图像中要被复制的部分，然后单击该窗口中的[复制]按钮。
- 打印图像到打印机：鼠标单击[抓图预览]窗口中的[打印]按钮。